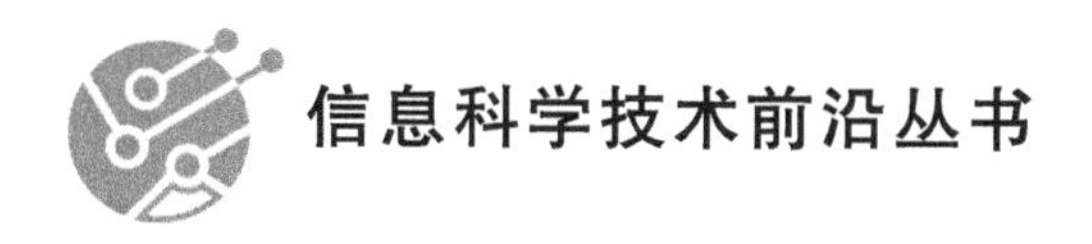

数据中心网络流量特性及光交换应用前景

闫付龙　毕严先　潘必韬　著

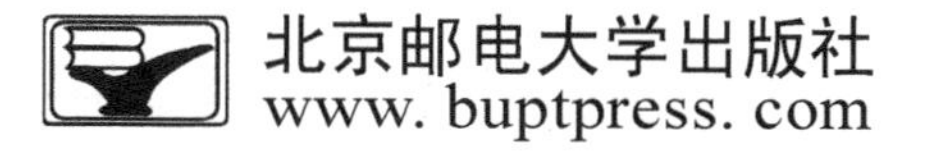

内 容 简 介

为了满足高带宽、可扩展性和连接性的需求,数据中心网络必须支持按需连接和超过100 Gbit/s的数据速率。快速光交换提供了一种解决方案,通过采集和分析云网络超大规模数据中心的流量分布和流量矩阵,得到了宏观和微观流量特征。实验结果表明,通过将大象流切换到光交换链路,可以降低网络延迟。为了克服高性能计算架构中光缓存缺失的问题,本书提出了基于快速流控制的 FOS 的 $HFOS_L$ 架构,并对其拓扑结构、路由算法、功耗和成本模型进行了分析。

针对当前广泛采用的失败重传调度机制导致的高负载下网络吞吐量低下的问题,本书提出了基于动态缓存状态矩阵分解的无冲突调度机制,显著提高了调度性能。此外,本书提出了基于微缓存的光交换结构 MFOS 和流公平队列调度算法,提升了网络调度性能,并通过仿真实验验证了 MFOS 支持带宽确保机制和延迟确保机制。最后,本书分析了光电路交换在池化场景中的应用及其优势。

图书在版编目(CIP)数据

数据中心网络流量特性及光交换应用前景 / 闫付龙,毕严先,潘必韬著. -- 北京 : 北京邮电大学出版社,2024. -- ISBN 978-7-5635-7247-2

Ⅰ. TP393.07

中国国家版本馆 CIP 数据核字第 2024HA5562 号

策划编辑: 刘纳新 **责任编辑:** 王晓丹 杨玉瑶 **责任校对:** 张会良 **封面设计:** 七星博纳

出版发行: 北京邮电大学出版社

社　　址: 北京市海淀区西土城路 10 号

邮政编码: 100876

发 行 部: 电话:010-62282185 传真:010-62283578

E-mail: publish@bupt.edu.cn

经　　销: 各地新华书店

印　　刷: 河北虎彩印刷有限公司

开　　本: 720 mm×1 000 mm 1/16

印　　张: 7.75

字　　数: 137 千字

版　　次: 2024 年 7 月第 1 版

印　　次: 2024 年 7 月第 1 次印刷

ISBN 978-7-5635-7247-2 定 价:58.00 元

前　　言

云应用、大数据、物联网的快速发展正在大幅增加数据中心网络的流量，对数据中心网络(Data Center Network，DCN)在连接性、带宽、延迟、成本和功耗等方面提出了严苛的要求。为了满足高带宽和连接性的紧迫要求，DCN 必须具有可扩展性，并能够支持按需连接和超过 100 Gbit/s 数据速率的服务器运行。在当前的多层电交换 DCN 架构中，扩展服务器数量(>10 000)和提高数据速率(>100 Gbit/s)会导致固有的大延迟，并且大量的光模块会导致高成本和高功耗。因此，可以在光域中解决 DCN 所面临的问题。由于光电路交换机的毫秒级配置时间较慢，因此，可以采用快速光交换机。然而，光交换机多跳连接的低效率，以及 FOS 缺乏光缓存等问题限制了基于 FOS 的光网络架构的实际部署。

为了获取流量特性，本书采集并分析了云网络超大规模数据中心(Data Center，DC)的流量分布和流量矩阵，从而得到了云网络数据中心的宏观流量特征，并给出了流量比例和队列结果。此外，本书还分析了数据中心的微观流量特征，给出了数据包长度、间隔时间以及目的地分布。本书展示并分析了三大类云网络数据中心的流量分布结果。

本书还构建了光电混合网络原型，并验证了与电网络相比光电混合网络原型的性能优势。结果表明，通过将大象流切换到光路交换链路，可以降低网络延迟。为了解决光高性能计算(High Performance Computing，HPC)架构中缺少光缓存的问题，首先，本书提出了基于快速流控制的 FOS 的 $HFOS_L$ 架构，并详细说明了 $HFOS_L$ 网络的拓扑、操作细节，包括路由算法。其次，本书对 FOS 的功耗模型和成本模型进行了参数化，分析了 FOS 的功耗和成本特征，以及在理论上解决了 $HFOS_L$ 网络的功耗和成本优化问题。

目前广泛采用的 FOS 调度机制是失败重传(Fail and Retransmission，FRT)调度机制，它在高负载下无法避免网络吞吐量低下的问题。为了提高调度性能，本书提出了一种考虑流量速率矩阵分解(Traffic Rate Matrix Decomposition，TRMD)的静态调度机制，以提高 FRT 的网络性能。然而，TRMD 需要网络流量速率矩阵的预知，即使在真实的 DC 中可用，它也可能是动态的和不准确的。基于上述原因，本书为快速光交换网络提出了一种基于动态缓存状态矩阵分解（BSMD）的无冲突调度机制。BSMD 的性能优于静态和失败重传调度机制，BSMD 在 0.8 的负载下实现了 10.1 μs 的延迟和 98.8%的吞吐量。

为了达到预期的网络性能，本书提出了一种基于微缓存的 FOS 结构（MFOS）。MFOS 采用流公平队列（Fair Flow Queue，FFQ）调度算法来解决光包的传输问题。仿真结果表明，MFOS 提高了传统基于 FOS 的 DCN 的性能，并实现了带宽确保机制。此外，理论分析和仿真验证了基于 MFOS 的 DCN 支持带宽确保机制和延迟确保机制。OCS 也被用来支持池化网络设计，若要获得令人满意的网络性能，必须开发新技术以保证 3 μs 的 RTT。本书详细地研究了电交换机 PE（PCIe with ethernet switches）解决方案和光电路交换 PO（PCIe over optical）解决方案，并在 PCIe gen4 协议下进行了定量比较。结果表明，PO 解决方案的 RTT 满足 RTT 约束。此外，PO 解决方案的应用完成时间和功耗均优于 PE 解决方案。

目　　录

第 1 章

光交换网络的特点及技术综述

随着大数据、人工智能和云计算的蓬勃发展，新型应用不断涌现，应用规模日益增大。作为承载应用的主体，数据中心网络（Data Center Network，DCN）不仅需要具有高带宽（≥400 Gbit/s）、低延迟（<1 μs）和大连接性（≥10^5 个交换节点）的特性，而且需要维持低成本和低功耗，这对于当前基于电交换机（Electrical Switch，ES）构建的 DCN 是一个严峻的挑战[1]。光交换对带宽及调制格式透明，且无须光收发器进行光/电/光的信号转换。因此，充分利用光交换优势，采用混合光交换和电交换的互联架构被认为是低成本、高性能 DCN 最具前景的解决方案。混合光电数据中心网络（Hybrid Electrical and Optical Data Center Network，HEON）的体系结构及特点如图 1-1 所示。DCN 规模的日益扩展和应用的容器化使 DCN 流量表现出新的特征，目前相关研究并不充分。因此，充分考虑业务流量特性有针对性地研究 HEON 的互联架构是一个亟待解决的问题[2]。

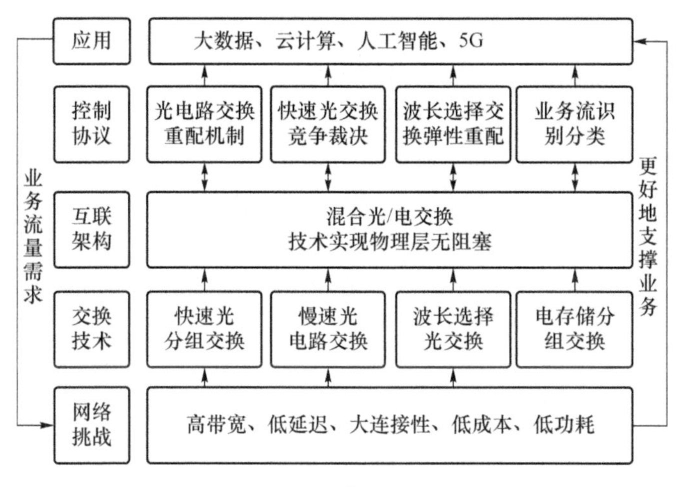

图 1-1　HEON 体系结构及特点

快速光交换(Fast Optical Switching,FOS)分组冲突的解决方案有两种:电缓存管理方案及网络级别的控制策略。电缓存管理方案主要包括共享缓存方案、分布缓存方案,以及共享和分布缓存的混合方案。本书拟针对 FOS 研究混合缓存方案,以此来提升交换性能。在网络级别的控制策略上,通过 FOS 控制器对业务流量矩阵进行矩阵分解,生成无冲突匹配转换矩阵序列,源端按照相应的时隙发送分组到特定的目的端,以避免 FOS 分组冲突。基于两种方案的研究结果,将两种方案纳入统一的控制平面框架,实现跨层设计,从根本上改善 FOS 性能。

阻碍 FOS 实用化的原因主要有两个:一是缺少光缓存,难以实现类似 ES 中灵活解决竞争的功能;二是 FOS 的集成度较低。针对第一个问题,有两种解决方案:一个是使用光纤延迟线(Fiber Delay Line,FDL)作为光缓存,以及在电域中对数据包进行缓存,FDL 的缺点是增加了系统的复杂性;另一个是基于广播选择架构的无缓存 FOS,其原理如图 1-2 所示。FOS 通过使用自主控制的 $1\times N$ 光开关(Photonic Switch,PS)并行处理多个波分复用(Wavelength Division Multiplexing,WDM)输入数据分组。

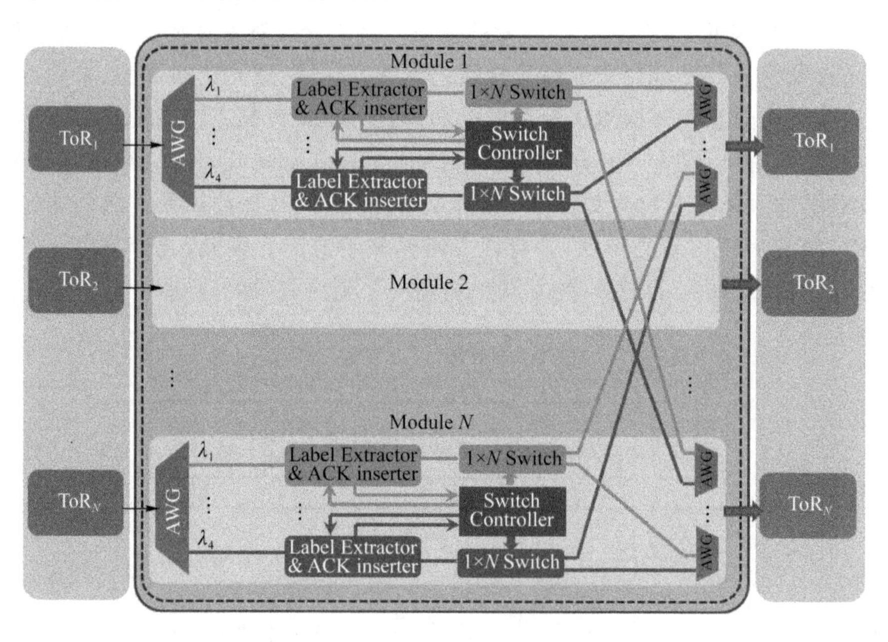

图 1-2　无缓存 FOS 构建模块示意图

在广播选择架构中,冲突竞争是通过快速流控机制来解决的。当数据包从机顶架交换机(Top of Rack Switch,ToR)发送到 FOS 后,数据包将等待控制信号,而不是像所有基于电交换机的网络那样立即被删除。在竞争的情况下，具有更高优先级的数据包被转发到 N 个可能的输出端口中的一个或几个，其他端口被阻塞，并生成相应的流控制信号送回 ToR。根据收到的成功确认(Acknowledgement，ACK)或不成功确认(Negative Acknowledgement，NACK)信号，ToR 的流量控制器释放(或重新传输)存储在缓存中的数据包。

光电路交换机(Optical Circuit Switch，OCS)采用的是资源预留或分布式调度的方式去解决流量竞争冲突。在讨论 OCS 重配时，不仅需要将物理链路的重配时间考虑进去，还需要将接收端和系统时间同步带来的影响纳入考虑。OCS 的重配通过网络协议从物理层影响 HEON 的各个方面，因此，优化 OCS 端到端需要量化研究系统层面的重配时间和其他延迟的影响。通过专用网络接口适配卡来提供精确的分组发送控制可以缩短系统层面的重配时间。图 1-3 给出了不同端到端切换时间下，OCS 通过率与数据传输量的关系。可以看出，切换时间在 10 μs 的 OCS 可以在 400 Gbit/s 链路速率下对 1 MB 的数据传输率获得约 67%的通过率。缩短 OCS 的重配时间可以使 OCS 适用于更多潜在的场景。

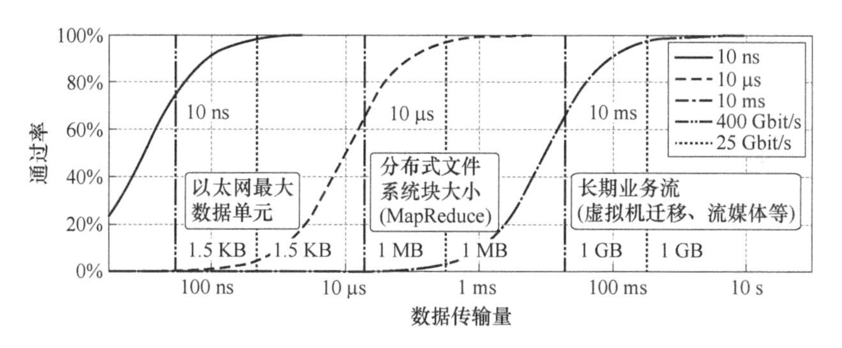

图 1-3 OCS 通过率与数据传输量的关系

早期 HEON 仅通过光电路交换机互联机顶架交换机来解决带宽瓶颈，重配时间为毫秒级，极大地限制了 HEON 的应用场景[3-7]。近年来，采用快速光交换技术的 HEON 互联架构逐渐被提出[8-13]。Xiao 等基于阵列波导光栅和可调激光器提出了 Flex-LION 互联架构，该架构可应用于分组交换场景，但成本较高[14]。为实现低成本且避免层级互联架构，Yan 等提出了一种扁平的 DCN 架构 OPSquare，最多通过两跳 FOS 就能够实现集群间通信[15]。Lightness 架构首次将 OCS 和 FOS 集成在一起，通过软件自定义网络控制平面来同时处置大象流和老鼠流[16]。然而，上述互联架构均未将 DCN 网络真实的业务流量特性纳入 HEON 互联架构设计之中，更没有对 HEON 互联架构做针对性的优化。

现有的 HEON 仅从交换技术、网络架构、成本和功耗等部分层面讨论光交换技术在 DCN 中的应用[17-20]，并没有耦合 DCN 内实际运行应用的业务流量特性去做针对性的设计和优化，尚未见到针对真实应用流量特性的 HEON 研究，因此，现有的 HEON 并不能直接应用于实际的 DCN。为了提出适应真实 DCN 业务特性的光交换网络解决方案，本书首先基于 DCN 的业务流量轨迹，来分析网络流量的宏观和微观特性，从而建立 DCN 真实的业务流量模型。在此基础上，本书进行针对性设计，给出相应的光交换网络，包括网络架构、光交换机、光收发器、网络接口和控制协议。在考虑网络流量与网络性能之间的关系时，本书将成本及功耗模型纳入考虑，并给出优化光交换网络成本及降低功耗的方法。

综上，本书基于真实数据中心网络业务流量特性来探索能够充分利用 OCS 和 FOS 技术优势的 HEON 互联架构，并将网络成本和功耗纳入 HEON 互联架构的设计中，进而深入研究光交换网络在 DCN 应用中的特点、需求和优化机制，最终实现有潜在实际应用前景的光交换网络。

第2章

云应用时代超大规模数据中心网络流量建模

伴随着各式新型应用，尤其是大数据、人工智能(Artificial Intelligence，AI)等带宽饥渴型应用的兴起，数据中心服务器端口带宽从十年前的 1 Gbit/s 增长到 10 Gbit/s，之后又增长到 25 Gbit/s 乃至 100 Gbit/s。与此同时，交换机芯片带宽从 1 Tbit/s 增长到 50 Tbit/s。带宽需求的日益增长成为数据中心网络不断向前发展的原始推动力，这带来了数据中心内部的一系列变革，包括网络架构从传统三级 Tree 到 Super Leaf-Spine 的演变[21]，互联技术从电转向光，并从多模光互联转向更高速率和更远距离的单模光互联。同时数据中心内部的一系列变革也推动着流量工程技术的进步[22-27]，甚至影响机房选址。因此，对数据中心流量进行审视是非常有必要的。建立一套分析范式，挖掘数据背后的规律，归纳总结关键指标，为未来数据中心网络的演进提供参考。

目前，数据中心网络各交换节点间已广泛采用光纤进行互联，而自 20 世纪 90 年代异步传输模式(Asynchronous Transfer Mode，ATM)交换机出现以来，交换节点一直沿用电交换。ATM 交换机由于提供确定性服务质量(Quality of Service，QoS)，故而控制复杂，造价昂贵，目前仅在电信、金融领域中使用。数通领域已被价格低廉、遵循尽力而为的转发机制的以太网交换机全盘占领。近 20 年，以太网交换机的快速发展促使数据中心更加繁荣，进而推动了各个互联网巨头的崛起。但这种尽力而为的转发机制也带来了很多问题，如端网互不感知，难以提供差异化服务等。云网络基础设施网络研发事业部当前的可预期网络目标就是解决这些问题，使得服务可预期。在介绍流量数据前，我们先介绍当前云网络规模部署所采用的主流 HAIL 数据中心网络架构，该架构具有高可用、智能化和低延时的特点，如图 2-1 所示。

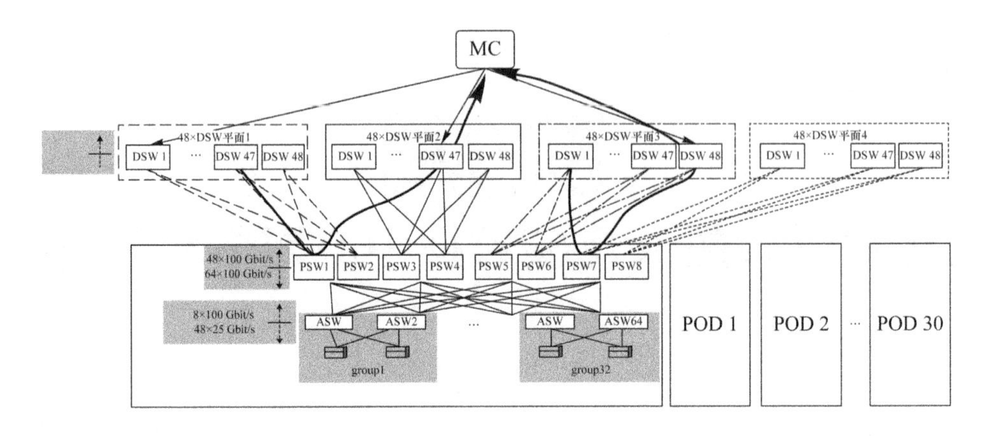

图 2-1　HAIL 数据中心网络架构

ASW、PSW 及 DSW 构成数据中心网络的三层级多平面架构，这是目前国内外互联网巨头主流的数据中心网络架构。在当前云网络数据中心网络中有 5.2L、5.2M 和 5.2MS 3 种架构，差别为 5.2L 有 4 个 DSW 平面，而 5.2M 和 5.2MS 分别仅有 2 个和 1 个 DSW 平面。架构的主要不同是集群所互联节点的规模差异，5.2L 可支持的 Pod 数量最高可达 32。

目前网络研发事业部有较为完整的交换设备流量记录，包括简单网络管理协议(Simple Network Management Protocol，SNMP)以 1 min 为粒度的数据，以及谷歌远程过程调用(Google Remote Procedure Call，gRPC)以 10 s 为粒度的数据。PSAMP(Packet Sampling)工具支持全部流量轨迹采集，轨迹采集和现存数据使得完整的数据分析成为可能。同样，完整数据存储能力也助力云网络在 Gartner 评测中斩获 4 项第一。现有的各类工具监测数据粒度的对比如表 2-1 所示。

表 2-1　现有的各类工具监测数据粒度的对比

工具	粒度			
	端口(链路)	队列	流	分组
SNMP	√	×	×	×
gRPC	√	√	⊬	×
PSAMP	⊬	⊬	√	√

注：√表示支持，⊬表示部分支持，×表示不支持。

由表 2-1 可知，监测工具从 SNMP 发展到可视化工具的过程，也是监测数据粒度精细化的过程。当然，这并不是要否定 SNMP 的能力，在端口级别，SNMP 或 gRPC 仍发挥着重要作用。目前 SNMP 数据最完整，且易于获取；gRPC 数据较为完整；可视化工具 PSAMP 可针对性地采集特定集群数据。SNMP 数据（gRPC 数据）和可视化 PSAMP 数据反映了流量的不同维度，需要使用不同的流量模型去描述，即宏观视角、微观视角及业务视角的流量特性，接下来我们从这 3 个视角来分析流量特性。

2.1　宏观视角的流量特性

我们选择弹性云盘集群考察宏观流量特征，其架构版本为 5.2L，采用 4 个 DSW 交换平面。我们计算所有 DSW 交换机在不同时间段的平均链路利用率，统计时间间隔从 1 min 到 21 d，统计起始时间为 2021 年 2 月 21 日 00:00:00。如图 2-2 所示，我们发现 DSW 交换机的平均利用率在统计时间超过 1 d 时变得稳定。

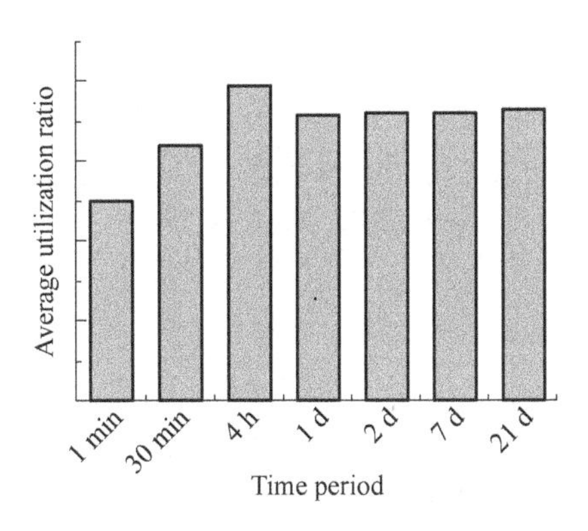

图 2-2　不同时间间隔的 DSW 交换机的平均利用率

对于一个数据中心网络，我们能观测到的就是端口（链路）带宽数据为 $B_{n,i}(t)$，n 为交换设备编号，i 为交换设备的第 i 条链路，t 为观测时间点。综合链路带宽数据的不同范式，可形成一系列观测指标。$B_{n,i}$ 为编号为 n 的交换设备中第 i 个端口的最大带宽，则链路利用率为

$$\rho_{n,i,t} = B_{n,i}(t) / B_{n,i} \tag{2.1}$$

以一天为单位，对单个端口按分钟粒度进行划分，共有 1 440 个 $\rho_{n,i,t}$ 数据点。为了消除奇异点，目前数据中心内部通用的是采用 99%最大值（以 100 个数据点为例，取次大值）及 98%平均值（以 100 个数据点为例，去除最大值和最小值后的 98 个数据点的平均值）。基于链路利用率的 99%最大值和 98%平均值，我们还可以对这些数据进行深入挖掘，从而得出更多信息辅助我们更全面地审视数据中心网络流量，如网络带宽资源整体利用率、流量在各个交换节点层级分布的比例、链路流量的累计概率分布、流量在整个数据中心网络的分布等。接下来，我们对上述信息进行详细分析及探讨。在这里我们默认一个前提：数据中心网络内各条链路带宽近似存在按日的周期性。这个前提是通过对不同网络、不同链路进行大量分析得出的，也会在后文进行验证。基于该前提，我们可以选择某一天的完整数据进行分析。

2.1.1 设备利用率

对 5.2L 的 19 个集群进行分析，汇点结果如图 2-3 所示。PSW 共计 128 个 100 Gbit/s 的端口，在架构设计中使用了 112 个（48 个上行，64 个下行），后 16 个端口空闲。在一天内（2021 年 7 月 19 日 00:00:00 到 2021 年 7 月 20 日 00:00:00），只考虑已互联的 112 个端口，统计 2 999 个 PSW max（$\rho_{n,i,t}$）不为 0 的链路，发现 PSW 平均约有 11.6%的端口为空闲状态。同样地，3 647 个 DSW 平均约有 67.8%的端口为空闲状态，结果如图 2-3 所示。

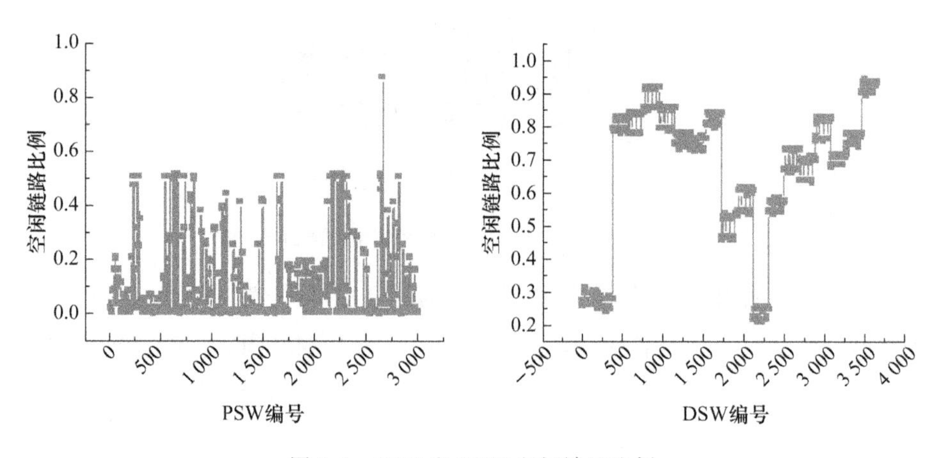

图 2-3　PSW 和 DSW 空闲端口比例

去除上述交换设备的空闲端口，只考虑有流量的端口一天内的利用率，计算当天该设备利用率。我们考虑 4 种统计方式：①取各端口最大值的最大值；②取各端口最大值的平均值；③取各端口平均值的最大值；④取各端口平均值的平均值。上述 4 种统计方式可以得到网络内每个 PSW 和 DSW 的设备利用率，再对所有设备利用率求平均得到网络设备平均利用率，如表 2-2 所示。

表 2-2 网络设备平均利用率

架构设备	网络设备平均利用率			
	统计方式①	统计方式②	统计方式③	统计方式④
5.2L PSW	13.9%	**4.8%**	5.5%	1.8%
5.2M(5.2MS) PSW	7.0%	**1.1%**	5.5%	0.3%
5.2L DSW	12.8%	**3.6%**	5.4%	1.5%
5.2M(5.2MS) DSW	5.9%	**1.1%**	1.7%	0.4%

由于在数据中心网络运营中更关注最大值的指标，故而各端口最大值的平均值是最具典型性的指标。根据表 2-2 可知，5.2L 架构的 PSW 和 DSW 设备平均利用率分别不超过 5%和 4%，5.2M 和 5.2MS 架构的 PSW 和 DSW 设备平均利用率则仅有 1.1%。5.2L 架构的 PSW 平均利用率是 5.2M 和 5.2MS 架构的 4(4.8%/1.1%)倍多，图 2-4 的累积分布函数(CDF)解释了这一现象。对于 5.2M 架构，超过 90%PSW 设备的平均利用率低于 0.2%，而 5.2L 架构只有 60% PSW 设备的平均利用率低于 0.2%。

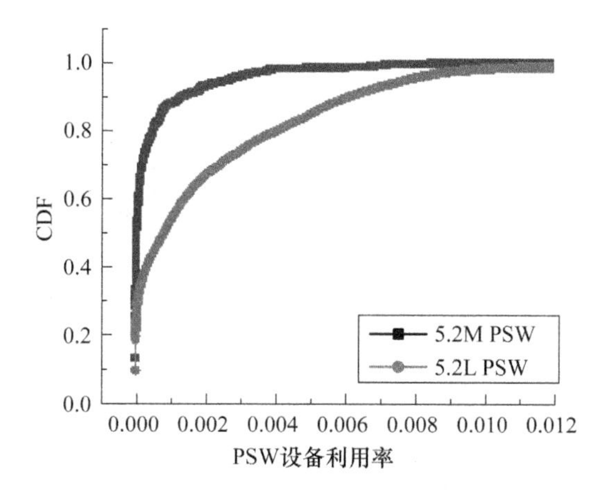

图 2-4 PSW 设备平均利用率的累积分布函数

上述发现说明当前网络设备平均利用率较低，有一定提升空间。可行的提升网络设备平均利用率的途径有两条：①DSW 平面缩容，减少 DSW 平面数目或减少单个平面内 DSW 数目；②Pod 扩容，即单个 Pod 内支持更多机架。这两种途径本质上都是降低架构设计的收敛比，而收敛比这个参数在目前阶段更多还是依靠经验来设定的，并没有非常科学的设定依据。

本小节我们从整体上分析了网络设备的平均利用率，这个数值相对较低，造成该数值较低的两个主要原因如下：①个别集群建设完成但未完全投入使用（部分 Pod 无应用部署）；②集群内应用本身产生的流量较小。因此，接下来我们排除掉流量较小的 5.2M 和 5.2MS 集群，并且有针对性地选取流量较大的 5.2L 集群进行分析。我们按 3 个大类应用来选择集群，分别是蚂蚁、集团电商、公有云，并有针对性地挑选流量较大的集群。蚂蚁选择 2 个集群，集团电商选择 5 个集群，公有云选择 4 个集群。

2.1.2　各层级流量比例

在分析了网络 DSW 带宽的整体利用率后，我们分析流量在网络内各个层级的比例。首先对单个交换设备进行抽象，将交换设备端口分为上行链路（uplink）端口和下行链路（downlink）端口两类，将这两类集合端口的流量进行累加求和，分别得到上行链路和下行链路总的入流量和出流量（上行链路入流量 B_{up_in}、上行链路出流量 B_{up_out}、下行链路入流量 B_{down_in}，下行链路出流量 B_{down_out}），如图 2-5 所示。

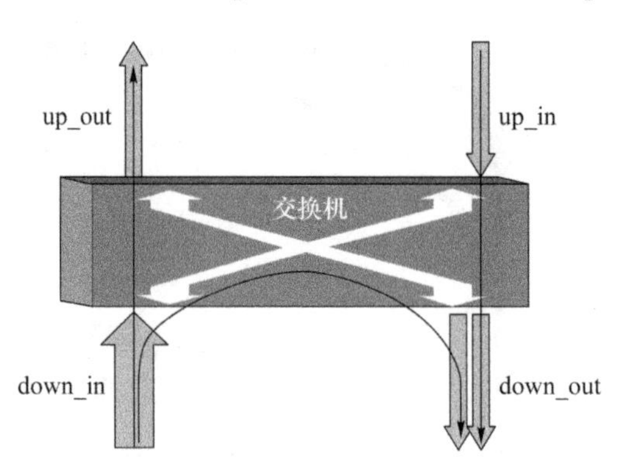

图 2-5　交换设备上、下行链路的出流量和入流量

基于网络流量守恒的基本特性，可知：

$$B_{\text{up\_in}} + B_{\text{down\_in}} = B_{\text{up\_out}} + B_{\text{down\_out}} \tag{2.2}$$

根据网络架构设计的简单路由原则，上行链路入方向的流量将全部去往下行链路出方向(网络内部监控流量会被转发，但此部分流量非常少，可忽略)。故而可计算下行链路入方向的流量经过交换节点后从下行链路出方向流出的量，即

$$B_{\text{intra}} = B_{\text{down\_in}} - B_{\text{up\_out}} \tag{2.3}$$

考虑一个月内(2021 年 11 月 14 日 00:00:00 到 2021 年 12 月 14 日 00:00:00)的流量数据，累加每分钟的数据，每小时保留一个数据点，将上述公式分别应用于所有 ASW、PSW 和 DSW，再计算 $B_{\text{intra}}/B_{\text{down\_in}}$，得到集群 Intra-ToR、Intra-Pod 及 Intra-DC 的流量比例，集团电商集群结果如图 2-6 所示。

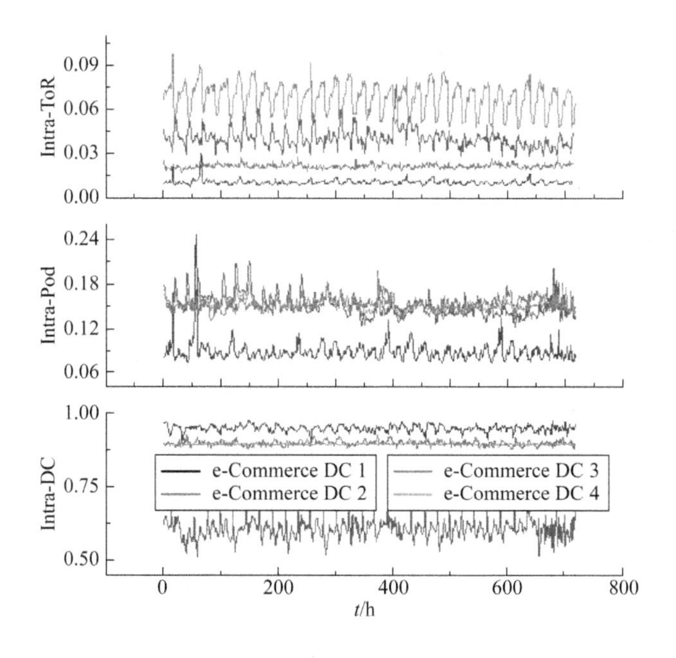

图 2-6 集团电商集群各层级交换机的流量分布

根据图 2-6 可以很明显地看出，各集群流量的层级比例几乎都呈现按天的周期性。从整体看，Intra-DC 的流量比例＞Intra-Pod 的流量比例＞Intra-ToR 的流量比例。集团电商应用 Intra-ToR 的范围在 1%～8%、Intra-Pod 的范围在 8%～16%、Intra-DC 的范围在 55%～95%。一个有意思的发现是，Intra-ToR 和 Intra-Pod 的流量比例分别在凌晨 3 点和 4 点达到最大，我们推测这与应用固有的特性有关系。且 Intra-ToR 的流量比例相对较小，不超过 10%，与我们通常认为的超过一半不同。

通过同样的分析可知，蚂蚁应用 Intra-ToR 和 Intra-Pod 的流量比例的均值分

别为 10%和 65%。公有云应用 Intra-ToR 的流量比例约为 5%,应用 Intra-Pod 的范围在 30%~70%。以公有云为例,公有云应用 Intra-Pod 的范围在 30%~70%,则 PSW 在满载流量时所需的收敛比为 1∶1.4~1∶3.3,目前架构中 PSW 的收敛比设定为1∶1.3,可支持的最差情况为 1∶1.4。考虑 PSW 链路利用率不足 5%,则上行链路实际所需总带宽相较于当前下行链路总带宽的比例为 1∶28~1∶66。结合链路利用率来设计合理收敛比是一个系统工程,需要结合应用的规划、网络的定位及发展。收敛比与链路利用率的分布情况息息相关,收敛比设计必须考虑最大链路利用率的情况,如果链路利用率分布差异很大,那么收敛比设计的自由度将会非常小。解决方法有两种:①将收敛比设计粒度缩小至 Pod 规模;②使网络内链路利用率分布均衡。第一种方法对架构设计的要求非常高,且与应用紧密耦合,对设备统一选型及后续运维都带来了一定挑战。第二种方法需要对流量分布有深入的认识,并且需引入新的光交换技术。

2.1.3 链路利用率分布

在了解了网络的平均利用率和流量各层级分布后,在优化收敛比的设计时,我们需要更关注链路利用率的分布情况,最理想的情况为全网络链路带宽均衡。目前网络内部已经部署了基于等价多路径(Equal Cost Multi Path,ECMP)的负载均衡策略,在分钟粒度上,局部链路负载均衡效果很好。但由于业务自身的差异性,现阶段无法实现全网链路带宽均衡的目标。例如,某些链路关联的应用产生的流量可能远远超过其他链路关联的应用,这是客观的限制,目前我们还无能为力。如何实现全网链路带宽均衡的目标将在混合光电交换部分进行详细讨论。

根据图 2-7 所示的集群链路流量分布我们可以了解到,仅有少部分链路的利用率较高,其他十几个集群的分布结果与该分布结果相似。通过观察利用率较高的链路所在的 Pod,发现 Pod 内各链路利用率并不一致,分布并无规律。但通过深入分析可以发现,利用率高的链路集中分布在少数几个 Pod 内,绝大部分 Pod 内不存在利用率高的链路。

各个 ASW 的 Ethernet 49~56 端口共互联 8 台 PSW,由于 ECMP 负载均衡,流量观测结果基本一致,因此,以集群 EA119_VM_1 和 NG152_VM_G3 中所有 ASW 的 Ethernet 49 端口为例,展示这两个集群内所有 ASW 该端口的利用率,如

图 2-8 所示。

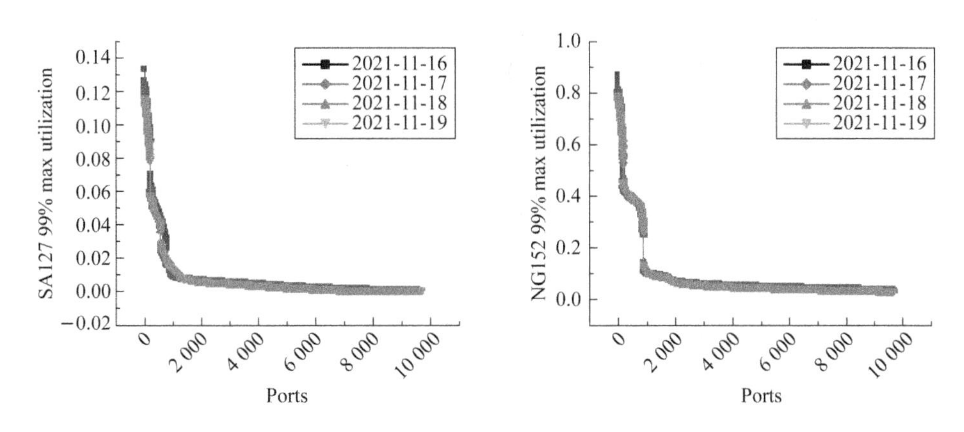

图 2-7 蚂蚁和公有云集群 4 天的 10K 链路利用率分布

由图 2-8 我们可明显看出，链路利用率超过 20% 的链路集中出现在特定 Pod 内，而非散列在整个集群内。上述在宏观视角对流量进行分析的过程及结果能够辅助数据中心网络架构设计以及流量工程优化，进而优化网络性能，同时提升网络的资源利用率。但微观视角流量的不可知会成为网络性能进一步优化的瓶颈，另外，微观视角的流量分析对故障分析及处理和网络预警具有重大价值。

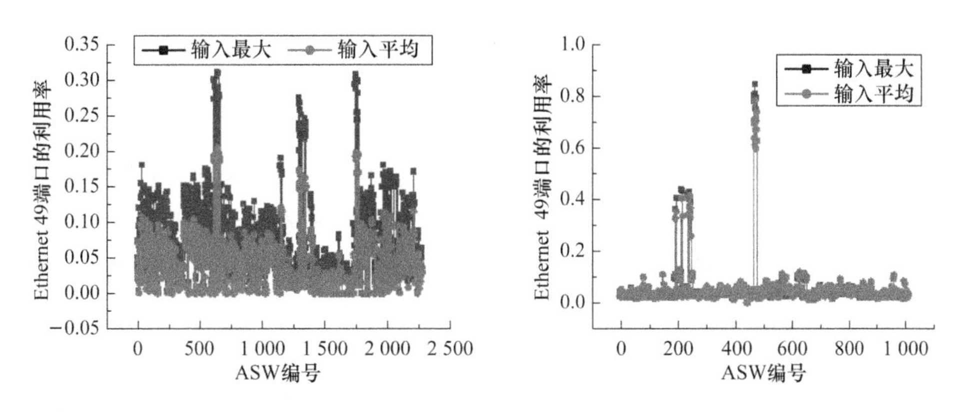

图 2-8 EA119_VM_1 与 NG152_VM_G3 集群所有 ASW 的 Ethernet 49 端口的利用率

2.2 微观视角的流量特性

为了进一步分析分组级别的流量特性，包括分组长度、分组间隔及毫秒级带宽，针对集群 NG185 的 Pod1 和 Pod4，我们采集了约两天(42 h)的流量轨迹，采样比设置为 32 768，两个 Pod 共有 80 个 ASW。采样数据通过被封装为 UDP 数据包，从 ASW 的 100 Gbit/s 端口被投递到采集器，进而被采集和存储。分析采样数据需要首先将 UDP 数据包包头拆除，以得到原始的采集分组。

首先，我们分析了分组长度的累积分布函数，如图 2-9 所示，可以发现 4 个采集器的包长度分布是一致的。通常，TCP 应用程序的数据包长度服从双峰分布。大小约为 1 500 B 的数据包对应于通信分组，而小于 100 B 的数据包对应的是确认消息。不同于传统的 TCP 应用，云端网盘应用有更多的 RDMA 数据包，长度为 1 068 B，这导致观察到的分组长度服从三峰分布。在考察小于 200 B 的分组分布时，可以发现其中有多种长度类型的分组，这些分组约占所有分组的 35%。

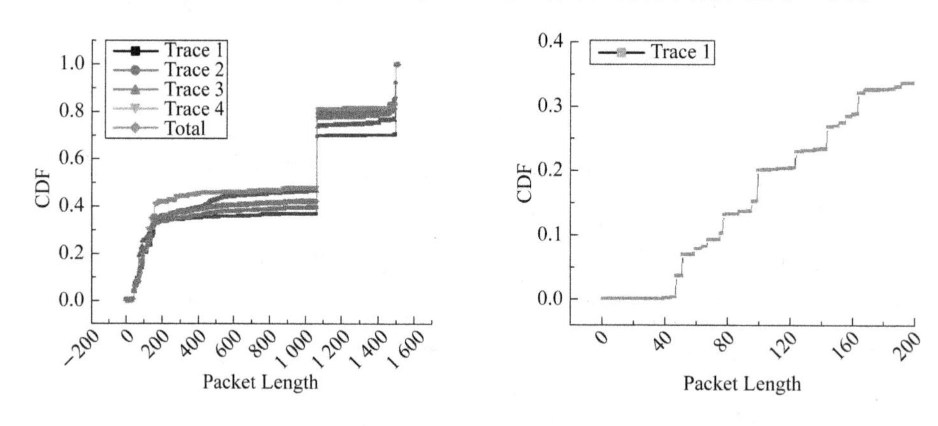

图 2-9　分组长度的累积分布函数

考察所有 ASW 在两天内的平均负载，如图 2-10(a)所示，可以看出，不同 ASW 之间的负载差异较大，最大负载不超过 0.05，有 27% 的 ASW 负载超过 0.01。图 2-10(b)给出了负载为 0.028 的 ASW128 的分组间隔累积分布函数，可以看出，90% 的分组接收时间戳之间的间隔不超过 50 ms，99% 的分组接收时间戳之间的间隔不超过 100 ms。

图 2-11 给出了两个负载较大的 ASW(ASW128 和 ASW151)的分组间隔分布，可以发现，两个 ASW 的分组间隔分布类似，统计数值超过 100 个分组的间隔都超过 500 ms。整体而言，随着分组间隔的增加，分组的统计数值持续下降，结果与图 2-10(b)所示的结果一致。

图 2-12 给出了 ASW128 和 ASW151 在 100 ms 内采集数据的带宽速率，可以看出，随着统计间隔从 10 ms 增加到 1 s，带宽波动值逐渐减小。当统计间隔为 10 ms 时，ASW128 和 ASW151 的平均带宽分别超过了 70 Gbit/s 和 90 Gbit/s。而当统计间隔为 1 s 时，可以发现，ASW128 的平均带宽约为 5 Gbit/s，ASW151 的平均带宽约为 20 Gbit/s。

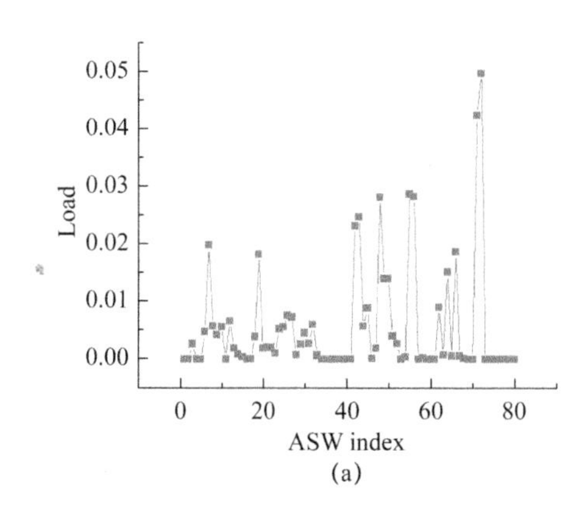

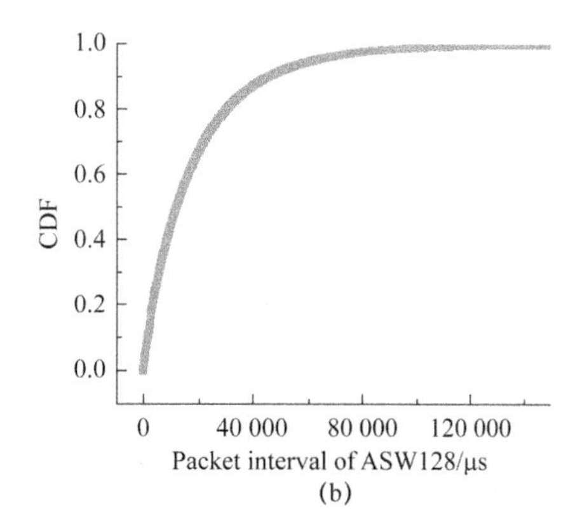

图 2-10　所有 ASW 负载及 ASW128 的分组间隔累积分布函数

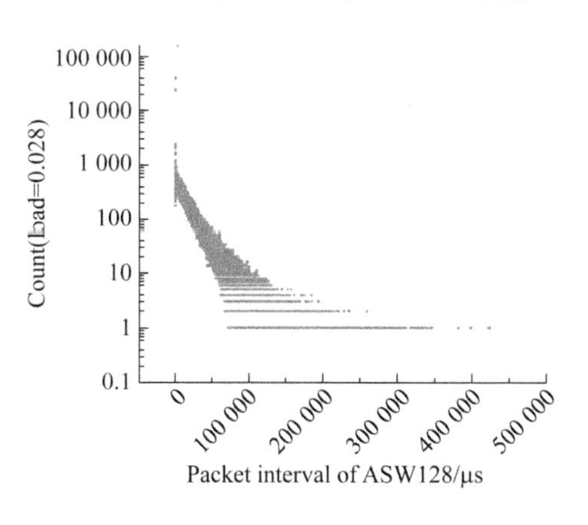

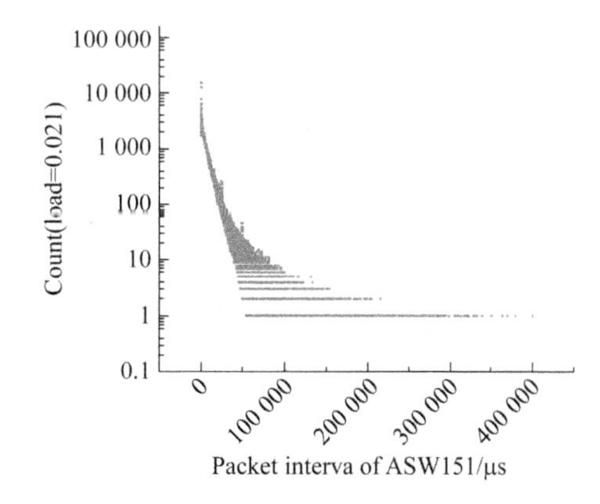

图 2-11　ASW128 和 ASW151 的分组间隔分布

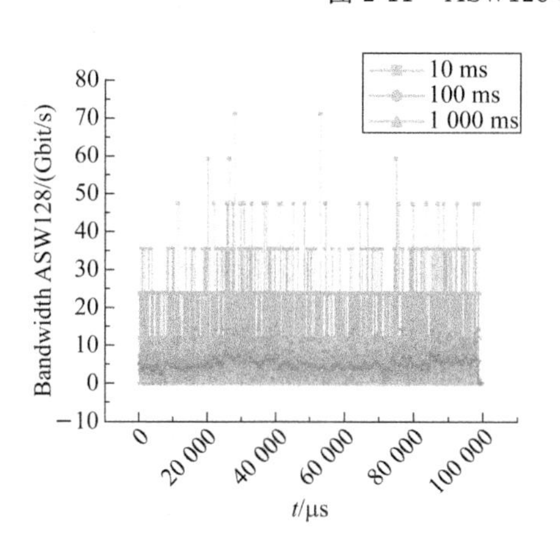

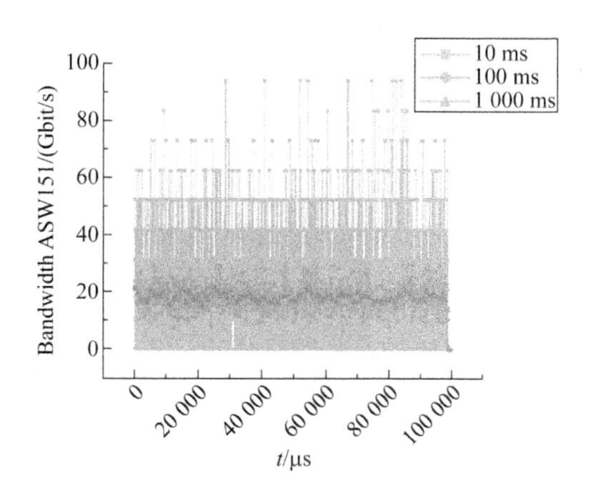

图 2-12　ASW128 和 ASW151 不同统计间隔的平均带宽

统计同一 ASW 下各服务器在 1 ms 内的带宽及竞争。如图 2-13 所示，假定微突发为超过链路带宽的 50%，则微突发占比不超过 0.2%，定义冲突竞争为多个服务器同时产生微突发，冲突竞争时观测到最多为 4 个服务器同时产生微突发。

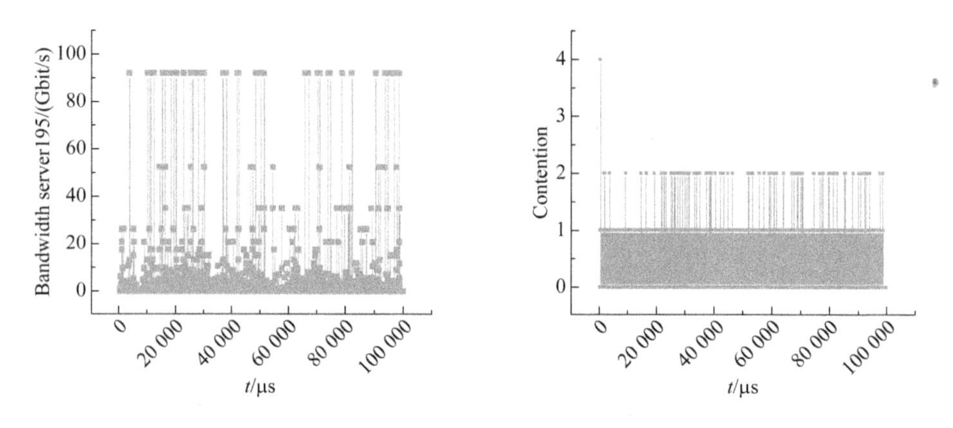

图 2-13　服务器带宽及竞争

2.3　业务视角的流量特性

我们从研究的角度立足宏观视角和微观视角对数据中心网络流量进行了分析，对应用或者用户而言，最关注的指标其实是应用交互(完成)时间，该指标与丢包及网络往返延迟(Round Trip Time，RTT)紧密联系，RTT 大则应用耗时多。在发生丢包时，由于需要重传分组，实际的通信时间有可能呈指数级增加。

我们这里分析 gRPC 数据提供的丢包、队列长度与水位的关系。丢包的定义是交换机内由于队列满载丢失的 254 B 的信元(Cell)，DSW 采用 Broadcom Tomahawk3 芯片，单端口速率为 100 Gbit/s。队列长度为队列存储分组的总长度。水位的定义是归一化队列流出信元长度的速率。归一化队列速率被定义为在 10 s 内发送的总字节数除以 1 Tbit。

每个端口都有 8 个队列，每秒记录一次 DSW 交换机每个端口的队列长度 $L(t)$。最大队列长度 L_{max}和平均队列长度 L_{avg}，信元丢失和归一化队列速率都是每 10 s 报告一次，有以下等式：

$$L_{max}=\max\{L(t)\},\quad t\in[1,10] \tag{2.4}$$

$$L_{\text{avg}} = \sum_{t=1}^{10} L(t)/10 \tag{2.5}$$

选取 2021 年 8 月 16 日 00:00:00 到 2021 年 8 月 17 日 00:00:00 一天内 DSW 的数据。图 2-14(a)所示为累加了所有归一化队列速率的丢包总数，可以看出，信元丢失发生在归一化队列速率大于 0.4 时，当归一化队列速率小于 0.4 时，未发现丢包现象发生。当归一化队列速率在[0.48,0.62]范围内时，有较多丢包现象发生。最大的标准化队列速率为 0.65，与预期一致。图 2-14(b)所示为各个归一化队列速率下的丢包数量。

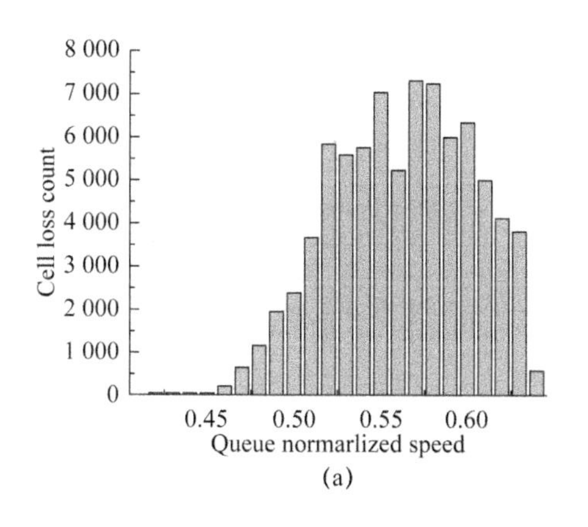

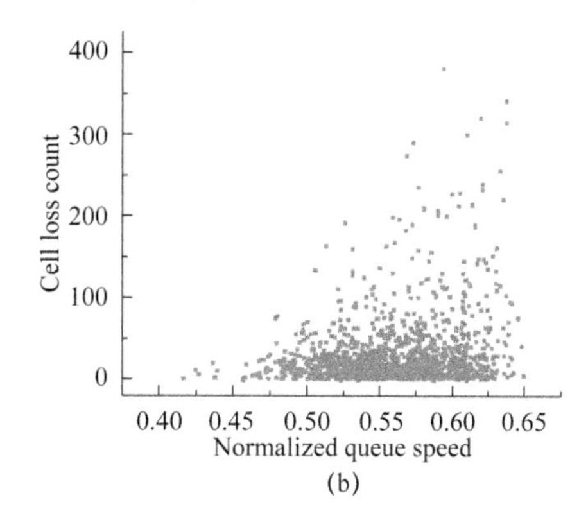

图 2-14 丢包数量与归一化队列速率的关系

如图 2-15 所示，平均队列长度随着归一化队列速率变大而增加，归一化队列速率每增加 0.1，平均队列长度增加约 200 KB。同时，相较于归一化队列速率平均队列长度的波动范围更大，归一化队列速率每增加 0.1，最大队列长度增加约 400 KB。

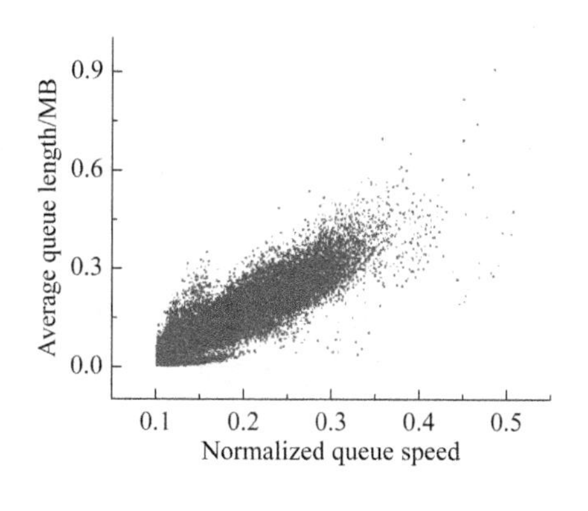

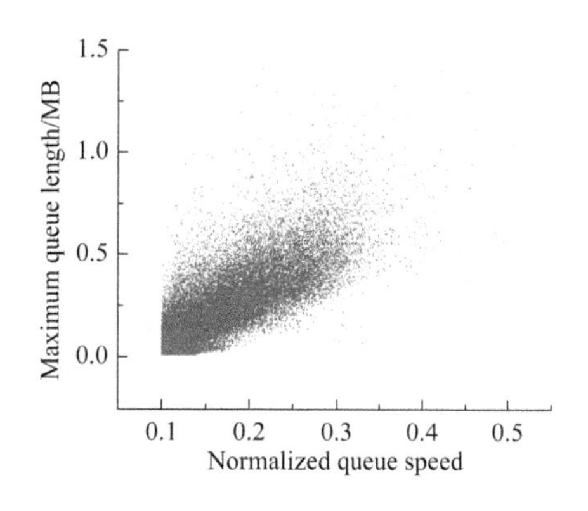

图 2-15 平均队长和最大队长与归一化队列速率的关系

图 2-16 给出了有丢包现象发生时最大队列长度与归一化队列速率的关系，两者仍正相关。在归一化队列速率超过 0.4 时，最大队列长度开始逼近甚至达到 2.68 MB，即交换机设定的队列长度。基于上述发现，我们可考虑从业务视角基于以下两点来定量提升网络服务质量以及优化网络资源：①链路最大利用率尽量逼近 40%；②对于最大利用率超过 40%的链路，将其最大利用率降低至小于 40%。

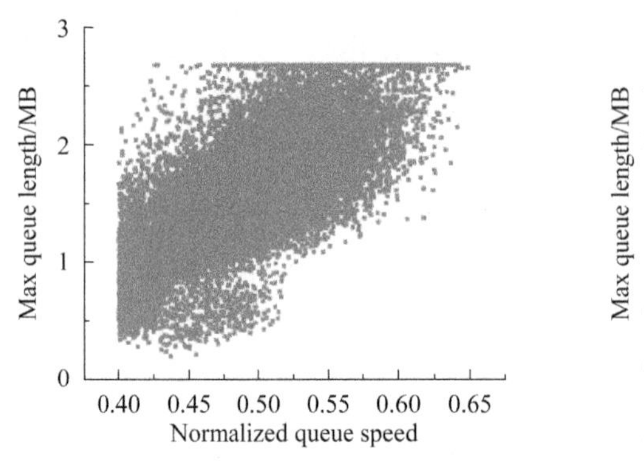

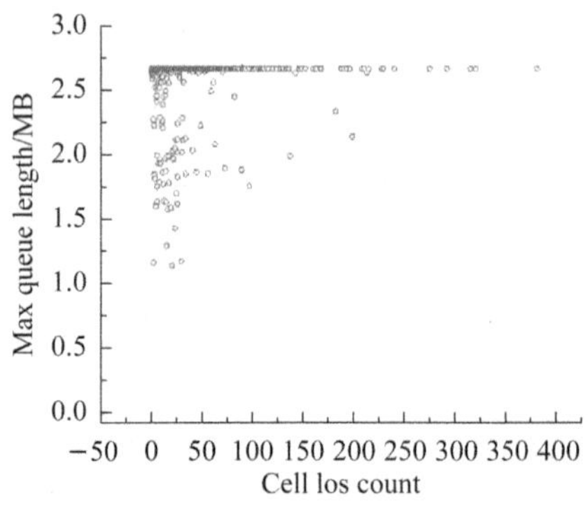

图 2-16　最大队列长度与归一化队列速率及丢包

本章小结

本章基于统计数据和捕获的业务流量研究了大规模云数据中心的流量特征。从宏观角度来看，Spine 交换机的最大端口利用率为 0.42，而所有端口的平均利用率为 0.12。我们发现，当观察时间段达到一天时，Spine 交换机的平均利用率是稳定的。结果表明，机架内交换（Intra-ToR）的流量比例小于 10%，这与之前发表的结果非常不同。原因在于各种应用程序被混合并部署在不同 ToR 的服务器上，以满足高可靠性要求。除了宏观视角，本章还通过深入研究网络性能和微观视角来分析流量特征。结果表明，当归一化队列速率低于 0.4 时，没有发生数据包丢失。从统计角度看，归一化队列速率每增加 0.1，平均队列长度增加 200 KB；当归一化队列速率达到 0.5 时，平均队列长度达到最大值，接近 1 MB。本章观察到的单个端口的最大缓冲区大小与计算的最大缓冲占用量 2.8 MB 一致。通过分析捕获的跟踪数据，我们发现数据包长度呈三峰分布。在 10 ms 的时间粒度下，机架交换的瞬时带宽可以达到 96 Gbit/s。这些关于流量特征的发现可以作为流量生成器，用于评估新设计的网络架构和优化算法。

第3章
高性能光交换网络架构、路由及调度

3.1 光电网络组网及性能验证

网络的本质是数据交换，交换技术在电交换的轨道上已蓬勃发展了30年，从早期的电路交换，到数据报文交换，再到如今的分组交换，一路飞驰发展。但后摩尔时代的逼近使得人们开始重新思考电芯片的极限，设计下一代超过100 Tbit/s的电交换芯片将极具挑战性，而具有更高带宽的电交换芯片很可能超出了物理上的限度。光交换可能是未来交换技术发展的一个方向。目前商用的光交换设备还处于早期的光电路交换阶段，可类比数据报文电交换和分组交换电交换的光突发交换和光分组交换，主要原因是缺乏有效可靠的光缓存器件。考虑现阶段的实际情况，结合对流量的分析，下面探讨光电路交换在当前数据中心网络中的潜在应用。

OCS的切换时间在毫秒级，无法实现分组交换的统计复用功能，可以将OCS应用在业务流量已知的场景中，比如拓扑重配、资源调度等。目前有研究可实现微秒级的电路切换，在一定程度上拓宽了OCS的应用场景。Google已在生产环境中部署了基于OCS的数据中心，在汇聚层取代电交换机[28]。实现纳秒级切换的光电路交换本质上是光分组交换，目前尚处于实验室展示阶段，暂时未能大量部署。

光电路交换的优势如下：①OCS对带宽及调制格式透明，无缝支持端口带宽演进；②无须光电转换模块，可在一定程度上降低成本和功耗；③考虑光纤长度及空间传输距离，OCS引入的单跳链路延迟仅为50 ns[29]，可降低RTT，提升网络性能。但 OCS 也有一个固有的缺点，即 OCS 只支持点到点的通信。在网络中利用率显著大的链路很可能存在大带宽业务流。

在流量分析中，我们已经发现利用率高的链路集中分布在少数几个 Pod 的个别 ASW 上，我们可以将 OCS 部署在数据中心网络中互联这些 ASW。由于利用率高的 ASW 数量相对较少，故单个集群采用一台大端口 OCS 即可，如图 3-1 所示。这样做的前提是假设利用率高的链路上承载着大带宽业务流，而非数量庞杂的小流量业务流。可借助可视化工具“TopN”监测业务流的能力。

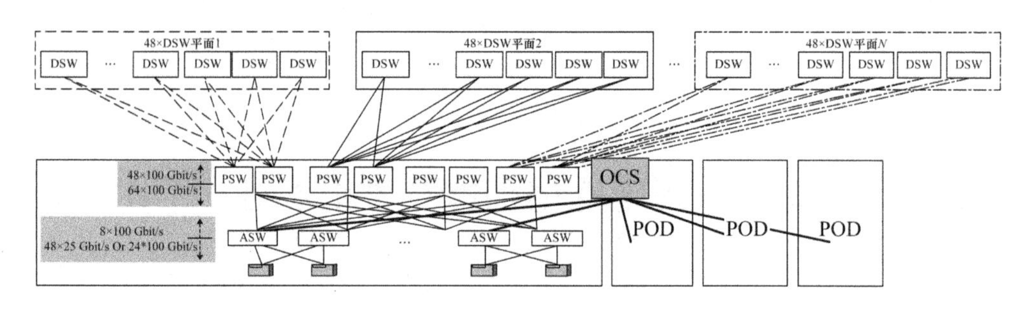

图 3-1　混合 OCS 与 PSW 的架构方案

在探测到大带宽业务流后，针对大带宽业务流进行流量切换，将之从原来的 PSW 链路切换到 OCS 链路上，从而使得与 PSW 连接的链路利用率降低，减少丢包并提升网络性能。一种可行的实现方案是构造生存时间(Time to Live，TTL)，TTL 为特定跳数的五元组数据，它可以作为探测数据流扫描网络，得到特定端口号与路径的对应关系，从而可以有针对性地通过设定业务流的源端口号，将该业务流切换到光链路。

在图 3-2 所示的混合光电网络的测试环境中，经过 PSW 的路径共有 3 跳，而经过 OCS 的跳数为 2(OCS 工作在物理层)。构造特定源端口号及目的端口号的 UDP 业务流，并将业务流 TTL 置为 2，当业务流被哈希到经过 PSW 的电路径时，由于到目的端 ASW 时业务流 TTL 为 0，故该目的端 ASW 会产生 ICMP error 报文，业务流返回；若业务流经过 OCS 的光链路，则目的端 ASW 正常处理报文。通过在源端采集是否收到 ICMP error 报文来确定特定业务流的通过路径。在测试环境中的实验，源端口 60、目的端口 300 的业务流经过 PSW；而将源端口变为 61 时，业务流经过的路径为 OCS。

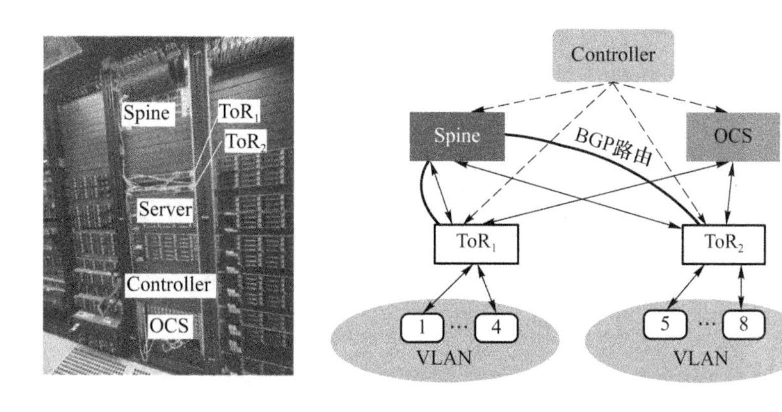

图 3-2 混合光电交换数据中心测试床

通过 iperf 设置各服务器带宽速率，累积各服务器带宽来设置 PSW 链路带宽，从而为不同链路负载，然后通过 ping 工具来测试分组的延迟。测试结果如图 3-3 所示，随着 PSW 链路利用率的提升（从 0.1 到 0.8），端到端网络平均延迟并未有明显改变；当 PSW 链路利用率从 0.4 提升到 0.8 时，端到端网络最大延迟增加 45%；当 PSW 链路利用率为 0.8 时，将一条业务流由电交换机切换到光交换机，其平均延迟降低 15%，最大延迟从 1.45 ms 变为 0.077 ms，降低约 50%。通过测试结果可知，将大象流通过 OCS 可显著降低业务流的平均延迟。

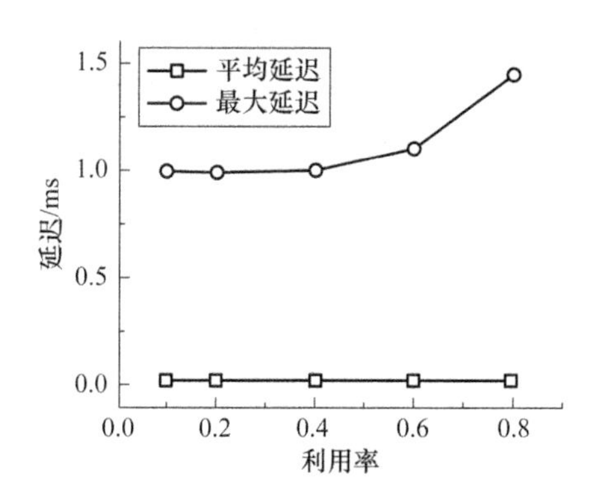

图 3-3 网络延迟与 PSW 链路利用率的关系

3.2 引 言

随着大规模高性能计算（High Performance Computing，HPC）应用的快速发展，例如基因测序、生物制药、天气预报、深度学习等，HPC 网络的峰值算力迅速增长[30]。目前，Top500 超级计算机支持超过 1 000 个刀片服务器，每个刀片服务器产生的数据流量高于 1.6 Tbit/s[31-32]。多层大端口电交换机被用于那些超级计算机来满足连接性和带宽要求。但是，部署多层大端口电交换机不可避免地会导致高延迟，并且在基于电交换机的 HPC 网络中，大量高成本、大功耗的光电转换（O/E/O）模块被采用[33]。因此，基于 HPC 网络的电交换机成本和功耗效率不高。为了支持超级计算机持续增加的理论峰值（Rpeak）性能，同时保持成本和功耗效率，基于光交换技术的 HPC 网络越来越受到关注。通过利用快速光开关技术，可以大大降低成本和与 O/E/O 互联相关的功耗。此外，FOS 工作在纳秒级，可以提供亚波长粒度，通过利用统计复用来解决带宽需求和超大连接性问题[34-36]。透明的数据速率/格式和快速切换能力使得 FOS 成为在 HPC 网络中分组交换场景下的合适候选者[37]。为了引入基于 FOS 的互联网络，FOS 的快速控制器必须解决光存储器缺失的问题。

OPSquare 数据提出了采用无缓存 FOS 的 DCN[15,38]。如图 3-4（a）所示，OPSquare 拥有两个并联的 FOS 层，第一类别 FOS 和第二个类别 FOS 分别用于集群内和集群间网络。相较于 Fat-Tree 和 Leaf-Spine，OPSquare 实现了更低成本和更高功耗效率的架构。除了采用快速光交换机，也可采用阵列波导基于光栅路由器（AWGR）的架构来满足高端口连通性和亚微秒级的延迟性能[39-41]，但是可调谐激光器提高了成本，从而阻碍了实际部署。为了进一步降低成本和功耗，人们通过去除一级 FOS 提出了 HiFOST[42]。此外，为了将架顶式交换机（ToR）的数量扩展到≥4 000，OPSquare 和 HiFOST 都需要实现具有挑战性的 64×64 FOS。作为替代解决方案，FOScube 采用 3 个并行级别的 FOS 以消除 OPSquare 中大端口 FOS 的需要，以及 HiFOST[42]。FOScube 的网络拓扑图如图 3-4（b）所示。在 FOScube 中，有 L 个 OPSquare 子网，并且 FOS_3^i（第三类别的第 i 个 FOS）互连每个 OPSquare 子网中的第 i 个 ToR。相较于 OPSquare，FOScube 可以做到更好的网络性能、更低的成本和更高的功耗效率。除了基于 FOS 的 DCN，人们还提出了 HFOS_4，HFOS_4 是能够支持数千个服务器的超级计算机[43]。添加 L 级 FOS，我们可以构建 HFOS_L 网络（$L \geq 4$）。HFOS_L 的描述和网络操作细节将在后续章节中讨论。很明显，HFOS_L 网络可以由 FOS 在每个级别中使用不同端口来构建。因此，找出在 HFOS_L 网络中实现最小功耗和成本的最佳网络配置是一个悬而未决的问题。此外，为了支持具有数千个服务器的 HPC 网络，还应评估不同数量层级 L 并联的 $HFOS_L$ 网络的成本及功耗。通过比较，可以得到 $HFOS_L$ 网络的 L 级最优值，实现最低的成本和功耗。

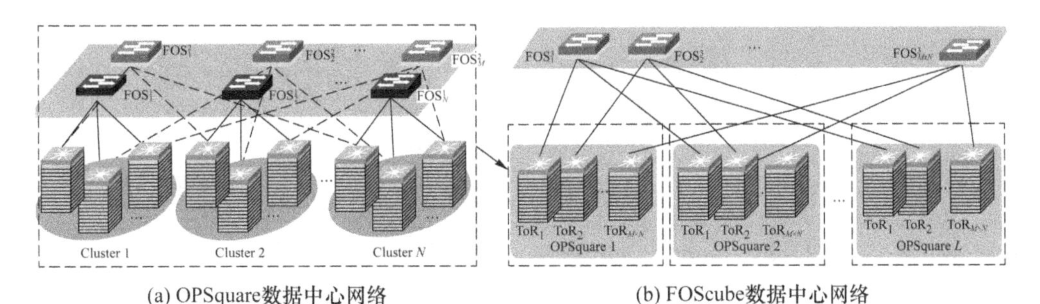

(a) OPSquare数据中心网络　　(b) FOScube数据中心网络

图 3-4　网络架构

3.3　基于 FOS 的多级架构

$HFOS_L$ 是递归定义的 HPC 网络拓扑。$HFOS_1$ 网络是一个由 N 个服务器组成的机架，直接连接到有 N 端口的第一类 FOS，如图 3-5(a)所示。$HFOS_2$ 网络由 M 个 $HFOS_1$ 和 N 个有 M 端口的第二类 FOS 组成，如图 3-5(b)所示。在 $HFOS_2$ 网络中，服务器配备两个 NIC，分别用于机架内和机架间通信。第二类的第 i 个 FOS 互连每个机架的第 i 个服务器($1 \leqslant i \leqslant N$)。$HFOS_2$ 网络的拓扑结构与 OPSquareDCN 相同，如图 3-5(a)所示。为了支持 64 个服务器的 $HFOS_2$ 网络，我们可以有两种不同的网络配置($N=M=8$ 或 $N=4, M=16$)。类似地，图 3-5(c)展示了一个 $HFOS_3$ 网络，其由 K 个 $HFOS_2$ 子网络和 $M \times N$ 个第三类端口数为 K 的 FOS 实现。图 3-5(d)为 $HFOS_4$ 网络的示意图，$HFOS_4$ 网络类似超立方体拓扑。假设 l 级 FOS 的端口数为 R_l，那么我们有 $R_1=N, R_2=M$ 和 $R_3=K$。

$HFOS_L$ 网络示意图如图 3-6 所示。$HFOS_L$ 网络中有 R_L 个 $HFOS_{L-1}$ 子网，FOS_i^L 互联每个 $HFOS_{L-1}$ 子网中的第 i 个服务器，每个 $HFOS_{L-1}$ 子网都互联 H 个服务器($H=R_1R_2\cdots R_{L-1}$)。为构建 $HFOS_L$ 网络，每个服务器都配备了 L 个类别的网卡，第 i 个类别的网卡将服务器互联到负责的第 i 类 FOS，第 i 类 FOS 用于两个不同的 $HFOS_{i-1}$ 网络之间的通信($1 \leqslant i \leqslant L$)。从 FOS 的角度来看，在每个

$HFOS_i$ 子网中，第 i 类的第 j 个 FOS 连接每个 $HFOS_{i-1}$ 的第 j 个服务器（$1 \leqslant i \leqslant L$）。路由细节在后续章节中讨论。

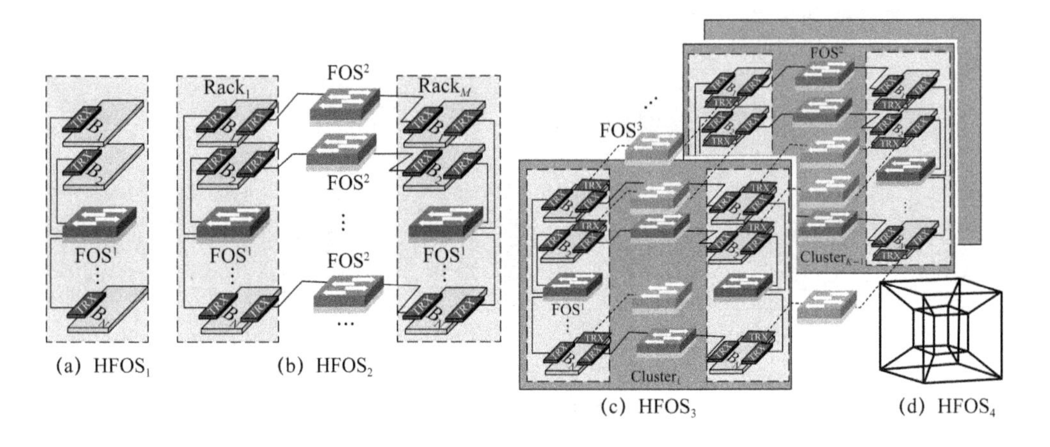

图 3-5　高性能计算网络

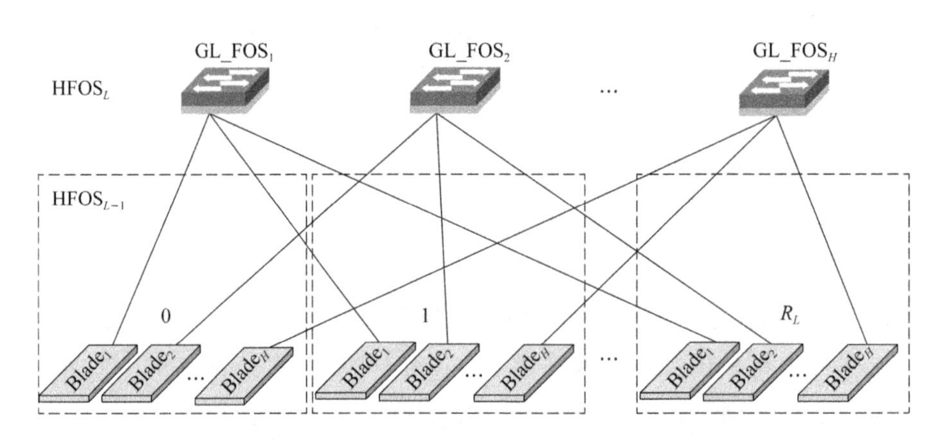

图 3-6　$HFOS_L$ 网络示意图

图 3-7 显示了刀片服务器的架构。它由 32 个互联核心和 L 个类型 NIC 组成，刀片服务器有两个处理器，每个处理器都有 4 个模块，使用快速路径互联（Quick Path Interconnect，QPI）协议互联，构成网状拓扑。在模块内，内核通过共享缓存连接，CPU 连接到芯片组，内核生成的数据包通过芯片组传输到 NIC。服务器可基于业务带宽需求通过配备不同数量的收发器来灵活设置收敛比。如图 3-7 所示，第 i 种 WDM TRX 的数量是 e_i，第 e_i 个 WDM TRX 负责流向第 i 类 FOS 的流量。

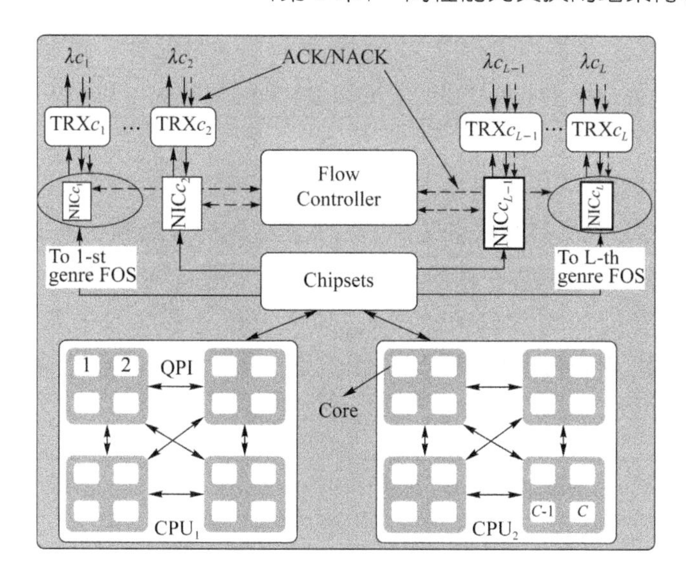

图 3-7 刀片服务器的架构

3.4 HFOS$_L$ 网络路由机制

对于编号为 BI($0 \leqslant \mathrm{BI} < N_{\mathrm{B}}$)的特定服务器,我们可以通过算法 1 获得其所在子网 HFOS$_i$($1 \leqslant i < L$)的索引 g_i。

Algorithm 1 Calculating the index of HFOS$_i$ subnetwork

Input: BI: Blade index. R_i: Radix of the FOS in subnetwork HFOS$_i$.

Output: g_i, $i \in [1, L-1]$.

1: **for** $l=1; l<L-1; l=l+1$ **do**

$g_l^{\mathrm{BI}} = \mathrm{mod}(\mathrm{BI}, \prod_{i=1}^{l} R_i)$; ▷The index of HFOS$_l$

2: **end for**

3: **return** g_i

考虑一对服务器,其中源服务器和目标服务器的编号分别用 Src 和 Dest 来表示。对于该对服务器,相应的子网索引向量$[g_1^{\mathrm{Src}}, g_2^{\mathrm{Src}}, \cdots, g_{L-1}^{\mathrm{Src}}]$ 和 $[g_1^{\mathrm{Dest}}, g_2^{\mathrm{Dest}}, \cdots, g_{L-1}^{\mathrm{Dest}}]$可用算法 1 计算得到。

算法 2 给出了路由的详细计算过程。在算法 2 中,最外层的 for 循环遍历 $L-$

1 个层级的 $HFOS_i$ 子网($1<i\leqslant L$)。若源服务器和目的服务器在不同的 $HFOS_i$ 子网中,则它们要么由第 i 类 FOS 直接连接,在这种情况下,路由是通过计算第 i 类 FOS 的索引 FI〔$a=\mathrm{mod}(\mathrm{Src},R^{i-1})$〕完成的;要么由源服务器连接到目标服务器所在的 $HFOS_{i-1}$ 子网中的索引为 Mid 的中间服务器〔$\mathrm{Mid}=\mathrm{floor}(\mathrm{dest}/R^{i-1})R^{i-1}+\mathrm{mod}(\mathrm{Src},R^{i-1})$〕。我们需在路由路径中添加连接源服务器和中间服务器的第 i 类别 FOS,路由问题就降级为中间服务器和目的服务器之间的路由问题。然后我们重新将中间服务器的编号赋值给 Src。如果源服务器和目的服务器在相同的 $HFOS_{i-1}$ 子网中,则它们不被第 i 类 FOS 互联。因此,我们将流程继续到更低级别子网。对于 $HFOS_L$ 网络,我们有如下定理及推论。

Algorithm 2 Routing algorithm in $HFOS_L$ network

Input: $[g_1^{\mathrm{Src}},g_2^{\mathrm{Src}},\cdots,g_{L-1}^{\mathrm{Src}}]$ and $[g_1^{\mathrm{Dest}},g_2^{\mathrm{Dest}},\cdots,g_{L-1}^{\mathrm{Dest}}]$.

Output: The routing path Path(Src,Dest).

Initialization: path(Src,Dest) = {Src}.

1: **for** $l=L;l>1;l=l-1$ **do**

2:     **if** $g_{L-1}^{\mathrm{Src}}\,!=g_{L-1}^{\mathrm{Dest}}$ **then**

3:         $a=\mathrm{mod}\left(\mathrm{Src},\prod_{i=1}^{l-1}R_i\right)$; ▷ The index of FOS

4:         path(Src,Dest) = path(Src,Dest) + FOS_l^i

5:         **if** $\mathrm{mod}\left(\mathrm{Src}-\mathrm{Dest},\prod_{i=1}^{l-1}R_i\right)==0$ **then**

6:             break;   ▷The Dest is connected by FOS_a^l

7:         **else**

8:             $\mathrm{Mid}=\mathrm{floor}\left(\mathrm{dest}/\prod_{i=1}^{l-1}R_i\right)\times\prod_{i=1}^{l-1}R_i+a$;

9:             path(Src,Dest) = path(Src,Dest) + Mid

10:            Refresh Src = Mid;

11:            Run Algorithm 1;   ▷recalculate $[g_1^{\mathrm{Src}},\cdots,g_{L-1}^{\mathrm{Src}}]$;

12:        **end if**

13:    **else**

14:        Continue;   ▷In the same $HFOS_{l-1}$ subnetwork

15:    **end if**

16: **end for**

17: **return** path(Src,Dest) ▷The traversed nodes on the routing path

---

定理 3-1 当且仅当 HFOS_L 网络中的服务器 Src 和 Dest 满足 $g_l^{\mathrm{Src}} \neq g_l^{\mathrm{Dest}}(\forall l \in [1,L])$ 时，可以为该对服务器找到 $L!$ 条不同的最短路径。

证明 我们通过数学归纳法证明定理的充分性。

① 当 $L=1$ 时，定理显然成立，因为 Src 和 Dest 由第一类 FOS 连接。

② 假设当 $L=k$ 时定理成立。即如果 $g_l^{\mathrm{Src}} \neq g_l^{\mathrm{Dest}}(\forall l \in [1,k])$，则可以为 HFOS_k 网络中的一对服务器找到 $k!$ 条不同的最短路径。

③ 当 $L=k+1$ 时，我们有 $g_l^{\mathrm{Src}} \neq g_l^{\mathrm{Dest}}(\forall l \in [1,k+1])$。我们可以找到一个中间服务器，其编号向量记为 $[g_1^{\mathrm{Mid}}, g_2^{\mathrm{Mid}}, \cdots, g_{k+1}^{\mathrm{Mid}}]$。为不失一般性，我们假定 $g_1^{\mathrm{Mid}} == g_1^{\mathrm{Dest}}$，$g_i^{\mathrm{Mid}} == g_i^{\mathrm{Dest}}(\forall i \in [2,k+1])$，即 $g_i^{\mathrm{Mid}} \neq g_i^{\mathrm{Dest}}(\forall i \in [2,k+1])$。因此，我们知道可以在 Mid 和 Dest 服务器之间找到 $k!$ 条不同的最短路径。Src 和 Mid 服务器由第 i 类 FOS 直接相连，因而最短路径仅有一条。

相似地，我们可以改变向量 $[g_1^{\mathrm{Src}}, g_2^{\mathrm{Src}}, \cdots, g_{L-1}^{\mathrm{Src}}]$ 第 k 个位置的值来构建一个新的 Mid 服务器，相应地也有 $k!$ 条不同路径，因此，当 $g_l^{\mathrm{Src}} \neq g_l^{\mathrm{Dest}}(\forall l \in [1,L])$ 时，共有 $(k+1)k!$ 条不同的最短路径。

我们通过反证法证明定理的必要性。

HFOS_L 网络中的源服务器和目的服务器之间共有 $L!$ 条不同的最短路径。若 $\exists j \in [1,L]$，有 $g_j^{\mathrm{Src}} = g_j^{\mathrm{Dest}}$。我们可立刻知道源服务器和目的服务器之间最多有 $(L-1)!$ 条不同的最短路径。因此，假设不成立，必要性得证。

基于定理 3-1，我们可以得出以下两个推论。

推论 3-1 若 $[g_1^{\mathrm{Src}}, g_2^{\mathrm{Src}}, \cdots, g_L^{\mathrm{Src}}]$ 和 $[g_1^{\mathrm{Dest}}, g_2^{\mathrm{Dest}}, \cdots, g_L^{\mathrm{Dest}}]$ 共有 m 个位置数值不同，则 HFOS_L 网络中的一对源服务器和目的服务器之间有 $m!$ 条不同的最短路径。

推论 3-2 若 $[g_1^{\mathrm{Src}}, g_2^{\mathrm{Src}}, \cdots, g_L^{\mathrm{Src}}]$ 和 $[g_1^{\mathrm{Dest}}, g_2^{\mathrm{Dest}}, \cdots, g_L^{\mathrm{Dest}}]$ 共有 m 个位置数值不同，则 HFOS_L 网络中服务器 Src 和 Dest 之间最多有 L 条不同的无交集最短路径。

推论 3-1 成立，因为源服务器未通过第 i 类 FOS，而是通过其中满足 $g_i^{\mathrm{Src}} = g_i^{\mathrm{Dest}}$ 的 $L-m$ 个位置，路径仅包含具有不同数值的其余 m 个位置对应的 FOS。

3.5 成本和功耗建模及优化

随着光交换技术的发展，FOS 以及光器件的成本和功耗可能会降低。因此，我们将 FOS 中各模块的成本和功耗参数化。光交换功能通过集成在磷化铟上的光子(InP)芯片实现。如 JePPIX 路线图中报告的芯片成本[44]，当 FOS 端口数 R_i 扩大两倍时，FOS 芯片的成本扩大四倍，即 FOS 芯片的成本可以表示为 $a_1R_i^2$。根据图 1-2 所示的 FOS 构建模块，我们可以知道需要 R_i^2 个 SOA 驱动和 b_1R_i 个标签处理器构建一个在每个端口提供 b_1 个波长通道的 $R_i\times R_i$ 的 FOS。

SOA 的温度控制单元(TEC)的成本用 c_2 表示。考虑现场可编程门阵列(FPGA)控制器(c_1)、SOA 驱动(a_2)、标签处理器(b_2)和温度控制单元(c_2)，我们得到 $R_i\times R_i$ 的 FOS 的成本 C_{R_i}，如式(3.1)所示，成本的单位均为美元。

$$C_{R_i}=(a_1+a_2)R_i^2+b_1b_2R_i+c_1+c_2 \tag{3.1}$$

相应地，HFOS_L 的成本可用式(3.2)来计算。

$$C_{\text{HFOS}_L}=\sum_{i=1}^{L}(n_iC_{R_i})+N_\text{B}C_\text{TRX}\sum_{i=1}^{L}c_i+\sum_{i=1}^{L}(n_iR_i)C_\text{SMF} \tag{3.2}$$

其中 C_SMF和 C_TRX分别是单模光纤(Single Mode Fiber，SMF)和 TRX 的成本。

我们计算由分立元件组成的 FOS 的功耗，每个端口有 b_1 个波长通道。考虑 FOS 中各个模块的功耗，我们假设 FPGA 板、标签处理器板、SOA 驱动的功耗分别为 c_3、b_3R_i 和 a_3R_i。SOA 温度控制单元的功耗用 c_4 表示。在计入 FOS 功耗时，将在服务器端的 ACK 标识符($b_1b_4R_i$)、标签生成器($b_1b_5R_i$)和激光驱动器($b_1b_6R_i$)纳入考虑。将端口数为 R_i 的 FOS 的功耗表示为 P_{R_i}，功耗的单位均为 W，我们有以下计算 FOS 功耗的公式：

$$P_{R_i}=a_3R_i^2+(b_3+b_1(b_4+b_5+b_6))R_i+c_3+c_4 \tag{3.3}$$

同理，HFOS_L 的功耗可根据式(3.4)计算：

$$P_{\text{HFOS}_L}=\sum_{i=1}^{L}(n_iP_{R_i})+N_\text{B}P_\text{TRX}\sum_{i=1}^{L}e_i \tag{3.4}$$

其中 P_TRX是 TRX 的功耗。

考虑互联 N_B 个服务器的 HFOS_L 网络，其有 L 个并行子网($L\geqslant 2$)。l 层级 FOS 的数量为 n_l。为支持每个级别并行子网完整地互联，即所有服务器都完全由每一层的 FOS 连接，必须满足等式(3.5)。

$$n_iR_i=N_\text{B},\quad i\in[1,L] \tag{3.5}$$

从 HFOS_L 网络的递归构建特性来看，HFOS_L 网络 L 层中的 FOS 连接 R_L 个 HFOS_{L-1}子网；HFOS_{L-1}子网 $L-1$ 层中的 FOS 连接 R_{L-1}个 HFOS_{L-2}子网，依此类推。因此，我们通过式(3.6)建立一个完全递归的 HFOS_L 网络。

$$\prod_{i=1}^{L} R_i = N_{\mathrm{B}} \tag{3.6}$$

基于式(3.2)和式(3.4),我们知道服务器、收发器和光纤的成本及功耗并不随着 FOS 端口数的改变而变化。事实上,HFOS_L 网络的成本和功耗优化问题被降级为最小化 HFOS_L 网络中所有 FOS 的成本及功耗问题。

式(3.1)和式(3.3)都是 R_i 的二次函数,为不失一般性,我们选择基于式(3.1)来最小化 FOS 的成本。由于 FOS 各模块成本及功耗均为正值,故我们有 $a_1+a_2>0$,$b_1b_2>0$,$c_1+c_2>0$。令 $g(R_i)=C_{R_i}/R_i$,则 FOS 的总成本可以用下式计算:

$$\sum_{i=1}^{L}(n_i C_{R_i}) = N_{\mathrm{B}}\sum_{i=1}^{L} g(R_i) \tag{3.7}$$

因此,优化 FOS 总成本的问题等价于最小化 $\sum_{i=1}^{L} g(R_i)$ 的值。式(3.7)满足式(3.6)中的条件限制。接下来我们论证 $g(R_i)$是一个凸函数,然后再讨论优化问题。通过计算很容易得到 $g(R_i)$的二阶导数,如下式所示。

$$g''(R_i)=2(c_1+c_2)/R_i^3 \tag{3.8}$$

我们知道 $g''(R_i)>0$,即 $g(R_i)$在范围$(0,+\infty)$内为凸函数,根据 Jensen 不等式,我们可以得到:

$$\frac{g(R_1)+g(R_2)+\cdots+g(R_L)}{L} \geqslant g\left(\frac{R_1+R_2+\cdots+R_L}{L}\right) \tag{3.9}$$

因此,当且仅当 $R_1=R_2=\cdots=R_L=\sqrt[L]{N_{\mathrm{B}}}$时,$\sum_{i=1}^{L} g(R_i)$ 取得最小值。

基于式(3.9)的结论,仅当各个层级 FOS 端口数都相同时,HFOS_L 网络才能得到最小总成本。当网络层数为变量 l 时,HFOS_l 网络的成本可以被重写为如下式子:

$$C_{\mathrm{HFOS}_l} = \frac{N_{\mathrm{B}}C_R}{R}l + N_{\mathrm{B}}C_{\mathrm{TRX}}\sum_{i=1}^{L} e_i + N_{\mathrm{B}}C_{\mathrm{SMF}}l \tag{3.10}$$

由于 HFOS_{l-1}子网络直接的业务量较小,第 l 级收发器的数量被设为 1,记 $l+v$ 为 HFOS_{l-1}网络中总的收发器数量,其中 v 为恒定值。将式(3.1)代入式(3.10)中,可得到:

$$C_{\mathrm{HFOS}_l} = N_{\mathrm{B}}(a_1+a_2)Rl + (b_1b_2+C_{\mathrm{TRX}}+C_{\mathrm{SMF}})N_{\mathrm{B}}l + N_{\mathrm{B}}\frac{c_1+c_2}{R}l + N_{\mathrm{B}}C_{\mathrm{TRX}}v \tag{3.11}$$

记不变量 $N_{\mathrm{B}}a$、$N_{\mathrm{B}}b+N_{\mathrm{B}}C_{\mathrm{TRX}}+N_{\mathrm{B}}C_{\mathrm{SMF}}$、$N_{\mathrm{B}}c$、$N_{\mathrm{B}}C_{\mathrm{TRX}}v$ 分别为 u_1、u_2、u_3 和 u_4。然后可以计算 C_{HFOS_l} 对层级 l 的导数:

$$\frac{\mathrm{d}C_{\mathrm{HFOS}_l}}{\mathrm{d}l}=\frac{u_3}{R}+u_3\frac{\ln N_{\mathrm{B}}}{Rl}-u_1R\left(\frac{\ln N_{\mathrm{B}}}{l^2}-1\right)+u_2 \tag{3.12}$$

在式(3.12)中,显然,第一项$\frac{u_3}{R}$随着l的增加而增加。考虑第二项$\frac{u_3\ln N_{\mathrm{B}}}{Rl}$,由于$R$大于自然对数,$Rl$的导数$-R\left(\frac{\ln N_{\mathrm{B}}}{l}-1\right)$为负值,故第二项相对于$l$是增函数。并且已知第三项$-u_1R\left(\frac{\ln N_{\mathrm{B}}}{l^2}-1\right)$随着$l$的增加而增加,原因是$R$和$\frac{1}{l^2}$相对于$l$都是减函数。因此,$\frac{\mathrm{d}C_{\mathrm{HFOS}_l}}{\mathrm{d}l}$相对于$l$是增函数。

当l为1时,$\frac{\mathrm{d}C_{\mathrm{HFOS}_l}}{\mathrm{d}l}=c+\frac{c\ln N_{\mathrm{B}}}{N_{\mathrm{B}}}+N_{\mathrm{B}}(b+C_{\mathrm{TRX}}+C_{\mathrm{SMF}})-N_{\mathrm{B}}^2a(\ln N_{\mathrm{B}}-1)$,当$N_{\mathrm{B}}$足够大时,最后一项$-N_{\mathrm{B}}^2a(\ln N_{\mathrm{B}}-1)$成为主要项,显然其值为负值。$N_{\mathrm{B}}^2\ln N_{\mathrm{B}}$的增加速度超过$N_{\mathrm{B}}$和$N_{\mathrm{B}}/\ln N_{\mathrm{B}}$。在这种情况下,$C_{\mathrm{HFOS}_l}$的值随着$l$的增加而减小,直到某个特定的层级$l_0$,此时$\frac{\mathrm{d}C_{\mathrm{HFOS}_l}}{\mathrm{d}l}$变为非负。即当$l=l_0$时,$C_{\mathrm{HFOS}_l}$取得最小值。

本章小结

本章基于多个并行互联子网采用分布式小端口FOS提出了可扩展的HPC网络架构HFOS_L,详细地给出了服务器、FOS和HFOS_L网络的运行过程。在FOS端口数为16时,HFOS_4可以支持超大规模的65 536个服务器的HPC网络。本章从理论上研究HFOS_L网络的成本和功耗的优化问题,对FOS的成本和功耗函数的分析表明,它们都是凸函数。在此基础上,理论分析表明仅当各个层级FOS的端口数都相同时,HFOS_L网络可以实现最低的成本和功耗。

第4章 数据中心光交换网络调度机制

4.1 引　　言

伴随着数据中心虚拟化和云计算的发展，各种DC应用包括人工智能、物联网和虚拟现实正在蓬勃兴起。这些新兴应用推动了数据中心流量以每年27%的速度增长[45]。为缓解DC巨大的带宽需求，DC部署了支持100 Gbit/s的网络适配器。同时，随着交换机ASIC带宽逼近100 Tbit/s，且球栅阵列密度有限，进一步提升ASIC带宽的难度很大。

为了应对数据中心流量的快速增长，满足对带宽、延迟、成本和功耗的要求，光交换技术成为未来数据中心网络(DCN)中有前途的候选方案，受到了产业界和学术界的广泛关注。光开关技术可以根据切换速度分为两类：快速光开关技术(纳秒级)和慢速光开关技术(>1 μs)。通常，光电路交换机(OCS)的重配时间在几十毫秒。为了加快OCS的切换速度，RotorNet将所有可能的匹配从$N!$个减少到几十个，从而获得几十微秒的切换时间[46]。然而，RotorNet仍然工作在业务流而不是分组粒度上，其应用场景有限。

为了支持电交换机实现的统计复用，快速光交换机必须考虑对分组粒度的交换。有多种解决方案可以实现纳秒级切换速度的快速光交换机。铌酸锂($LiNbO_3$)交换机利用超快的电光效应响应时间(纳秒级)来支持数据包交换，当端口数为8时，引入插入损耗相对较高，为10 dB。阵列波导光栅(AWG)使用高成本可调谐激光器亦可支持数据包交换。此外，基于半导体光放大器(SOA)的广播选择光交换机可以支持大约20 ns的切换时间。由于缺少光缓存，高性能的电交换机调度算法并不能直接被用于 FOS。基于 AWG 和 SOA 的快速光交换机采用重传机制来解决竞争[41]。然而，重传机制很容易使网络在高负载下饱和，这不可避免地会导致在高负载下网络的低吞吐量，从而导致网络性能不尽如人意[47-49]。

为了解决该问题，我们提出了考虑流量速率矩阵分解的静态调度(Traffic Rate Matrix Decomposition，TRMD)和基于缓存状态矩阵分解的动态调度(Buffer Status Matrix Decomposition，BSMD)来改进 FRT 的网络性能。然而，TRMD 需要对网络流量速率矩阵有预见性，它可能是动态的，并且即使在真实的 DC 中可用，也可能不准确。在此基础上，我们提出了 BSMD 来缓解对网络动态流量获取的要求。

4.2 业务速率矩阵分解调度算法

如图 4-1 所示，由 p 个模块组成的 FOS 互联 N 个 ToR，形成一个由 p 个组构成的簇。每个组都有 $F=N/p$ 个 ToR。构成 FOS 的主要模块如图 4-1(b)所示。FOS 控制器监测簇中 N 个 ToR 的流量特征，从而得到簇的流量速率矩阵。除此之外，流量速率矩阵也可以从外部监控系统获得，然后更新到 FOS 控制器中。对于部分固有的高突发不可接入流量，可采用流量限制技术，如令牌和漏桶，进行流量整形来获取流量特征。在由 $N\times N$ 的 FOS 构建的簇内，对任意可接入流量速率矩阵 $\boldsymbol{R}=[r_{i,j}]_{N\times N}$，其中 $r_{i,j}$是从 ToR_i 到 ToR_j $(i\neq j)$ 的流量速率，对于双亚随机速率矩阵 $\boldsymbol{R}$，需要满足式(4.1)中的两个条件。当 $i=j$ 时，非负矩阵 $\boldsymbol{R}$ 被称为双随机矩阵。

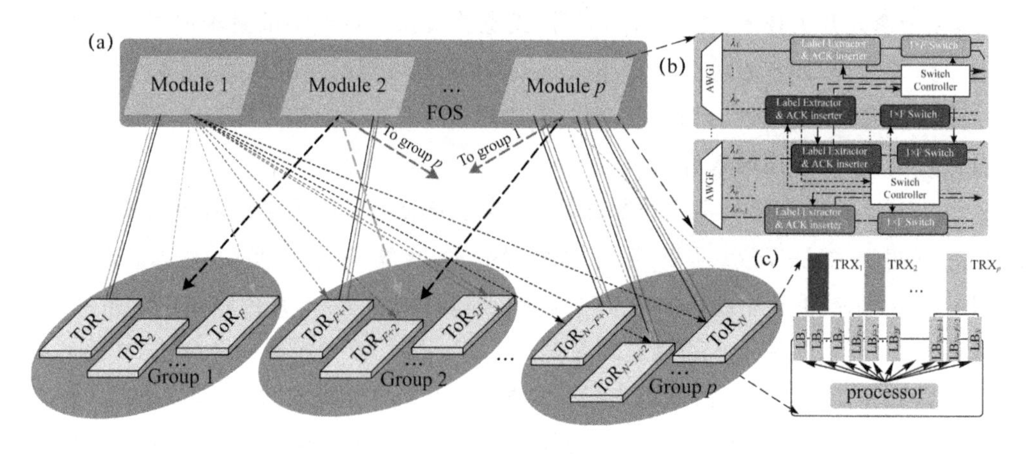

图 4-1　TRMD 在光网络集群中的运行架构

$$\sum_{i=1}^{N} r_{i,j_0} \leqslant 1(\forall j_0 \in [1,N],\quad i \neq j_0),$$
$$\sum_{i=1}^{N} r_{i_0,j} \leqslant 1(\forall i_0 \in [1,N],\quad j \neq i_0) \tag{4.1}$$

图 4-1(c)展示了 ToR 中的 p 个收发器(Transceiver,TRX)。每个 TRX 关联 F 个逻辑缓存队列,负责与同一组的 F 个 ToR 通信。TRMD 的详细运行流程如下:

① FOS 控制器基于 von Neumann 定理将双亚随机速率矩阵 $\boldsymbol{R}$ 变换为双随机矩阵 $\boldsymbol{R}_0$;

② FOS 控制器基于 Birkhoff 定理将矩阵 $\boldsymbol{R}_0$ 分解为一系列置换矩阵的序列和,即 $\boldsymbol{R}_0 = \sum_{k=1}^{C} \alpha_k P_k (C \leqslant N^2 - 2N + 2)$;

③ FOS 控制器通过求解 $\alpha_1, \cdots, \alpha_k$ 的分母的最小公倍数获得调度周期 T;

④ FOS 控制器基于 $P_1, \cdots, P_C$ 和时隙长度 $\alpha_k T$ 发送具有特定目的地的无冲突传输时隙序列到各个 ToR;

⑤ 在经过 ToR 和 FOS 之间 50 m 链路上的 250 ns 延时之后,ToR 处理器接收到 FOS 的传输时隙序列;

⑥ ToR 根据接收到的传输时隙序列指导 TRX 将光包发送到 FOS;

⑦ 经过 250 ns 的链路延时后,光包到达 FOS,FOS 基于匹配矩阵 P_k 进行相应的配置,因此,FOS 处不会发生竞争。

在之后的运行中重复步骤⑥和⑦。von Neumann 和 Birkhoff 定理的具体实现可以在参考文献[50]中找到。

在接收到来自 FOS 控制器的指令之前,ToR 采用简单的轮询算法。由于使用了 p 个 TRX,故不同组之间不会发生竞争。因此,我们只需要应对每个组内部发生的竞争,也就是说我们可以将 $N \times N$ 的流量速率矩阵分成 p^2 个大小为 $F \times F$ 的子矩阵。然后,我们可以将参数 F 的数值保持为常数,此时算法的复杂度是 $O(1)$ 而不是 $O(N^{4.5})$。为了便于理解 TRMD 操作,我们给出了一个有 8 个 ToR 的示例簇,其中,每个 ToR 都配备了 2 个 TRX($N=8, p=2$)。考虑流量速率矩阵 $\boldsymbol{R}_1 = [r_{i,j}]_{4\times 4}$ 第一组各个 ToR 的第一个 TRX,假设我们有

$$\boldsymbol{R}_1=\begin{bmatrix}0 & 0.3 & 0.2 & 0.4\\0.3 & 0 & 0.4 & 0.2\\0.5 & 0.2 & 0 & 0.2\\0.1 & 0.4 & 0.3 & 0\end{bmatrix}(\boldsymbol{P}_1=\begin{bmatrix}0&0&0&1\\0&0&1&0\\1&0&0&0\\0&1&0&0\end{bmatrix}、\boldsymbol{P}_2=\begin{bmatrix}0&1&0&1\\1&0&0&0\\0&0&0&1\\0&0&1&0\end{bmatrix}、$$

$$\boldsymbol{P}_3=\begin{bmatrix}0&0&1&0\\0&0&0&1\\0&1&0&0\\1&0&0&0\end{bmatrix})$$

通过 FOS 控制器的计算可将 $\boldsymbol{R}_1$ 分解为 $\boldsymbol{R}_1=0.5\boldsymbol{P}_1+0.3\boldsymbol{P}_2+0.2\boldsymbol{P}_3$，其周期 T 为 10 个时隙。在前 5 个时隙，第一组 ToR 的 TRX_1 将发送光分组到 $\boldsymbol{R}_1$ 所示的匹配中的目的地。即 ToR_1、ToR_2、ToR_3、ToR_4 的 TRX_1 分别向 ToR_4、ToR_3、ToR_1、ToR_2 发送数据包。ToR_1 的 TRX_1 分别分配 3 个、2 个和 5 个时隙向 ToR_2、ToR_3、ToR_4 发送光分组。

我们利用 OMNeT++平台搭建了基于 FOS 构建的 DCN 网络模型，对所提出的 TRMD 算法进行仿真。在仿真中，每个机架内有 40 台配备了 10 Gbit/s 网络适配器(NIC)的服务器。ToR 中的 WDM 收发器(TRX)的运行速度为 50 Gbit/s。所有服务器独立生成 ON/OFF 业务流量。由于重尾特性，这些 ON/OFF 周期的长度是用帕累托分布建模的。ON 时段的平均突发长度设置为 100 KB[15]，OFF 时段的长度由流量的负载决定。生成的数据包以长度为 64 B 的信元为单元缓存在 ToR 内。我们将具有相同目的地的 25 个信元组成一个光分组，其大小为 1 600 B。前置位长度设置为 125 B。对于 TRMD 和 FC，FOS 的重配时间为 20 ns[51]，在 FC 的 ToR 与 ToR 之间的延迟中考虑了重传延迟。每个服务器在仿真中发送 10^5 个数据包。

首先，我们研究并比较了均匀流量下 TRMD 算法与 FC 算法的网络性能。在一个由 320 台服务器组成的簇中($N=8,p=4$)，均匀流量定义为 56.25%的流量驻留在 ToR 内，而其他 43.75%的流量(带宽为 175 Gbit/s)去往其他 7 个 ToR 的服务器，即去往其他 ToR 的流量带宽为 25 Gbit/s。将吞吐量定义为接收到的数据包数量与发送数据包总量的比值。图 4-2 显示了在负载大于 0.4 时，TRMD 的 ToR 与 ToR 之间的延迟始终小于 FC；当负载为 0.8 时，TRMD 和 FC 的延迟分别为 3.0 μs和 6.4 μs；当负载接近 1 时，OFF 时段长度缩短，缓存中数据包累积，因而 TRMD 延迟快速增加。但即使在负载为 0.9 时，TRMD 的吞吐量也大于 98%，而 FC 的吞吐量在负载为 0.5 时开始下降。

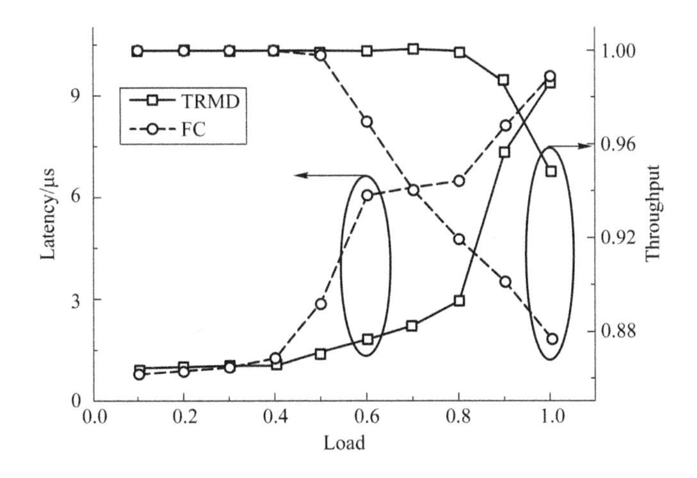

图 4-2 均匀业务下 TRMD 的延迟及吞吐量

其次，在同一网络中，我们研究并比较了 TRMD 算法和 FC 算法在弱对角非均匀业务下的网络性能，其中来自奇(偶)编号 ToR 的流量去往奇(偶)编号 ToR 的比例为 1/12，而来自奇(偶)编号 ToR 的流量去往偶(奇)编号 ToR 的比例为 1/6。例如，从 ToR_4 到 ToR_7 的流量比例为 1/6。从图 4-3 中观察到的现象与图 4-2 类似，当负载小于 0.4 时，TRMD 的 ToR 与 ToR 之间的延迟大于 FC，因为 TRMD 中的数据包需要等待到特定时隙才能开始传输。当负载在[0.5，0.8]范围内时，FC 中的竞争增加导致重传增多，TRMD 的 ToR 与 ToR 之间的延迟小于 FC。随着负载接近 1.0，TRMD 延迟迅速增加并且大于 FC。对于所有负载值，TRMD 的吞吐量都优于 FC，在负载达到 0.9 时，TRMD 的吞吐量开始恶化。

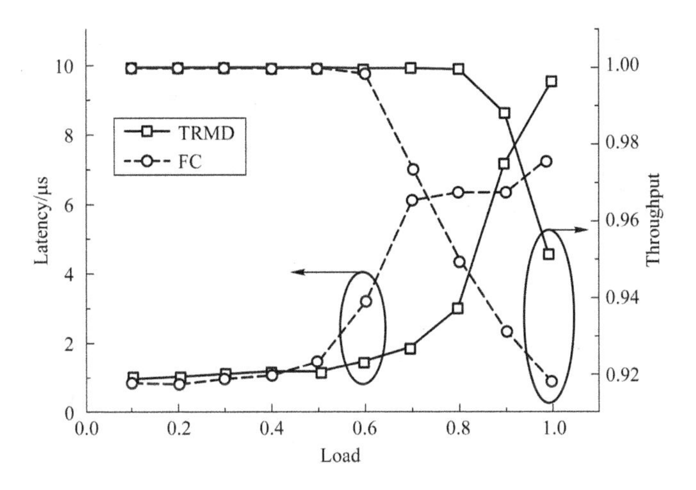

图 4-3 TRMD 在弱对角非均匀业务下的延迟及吞吐量

当 FOS 端口数从 8 扩展到 32 时，我们研究了 TRMD 算法在均匀业务下的调度性能。如图 4-4 所示，随着 FOS 端口数的增加，ToR 与 ToR 之间的延迟和吞吐量性能均开始恶化。对于端口数为 32 的 FOS，随着负载的增大，延迟的增加速率放缓。当负载达到 1 时，ToR 与 ToR 之间的延迟仍然小于 10 μs，而吞吐量仅略有下降，依旧大于 90%。

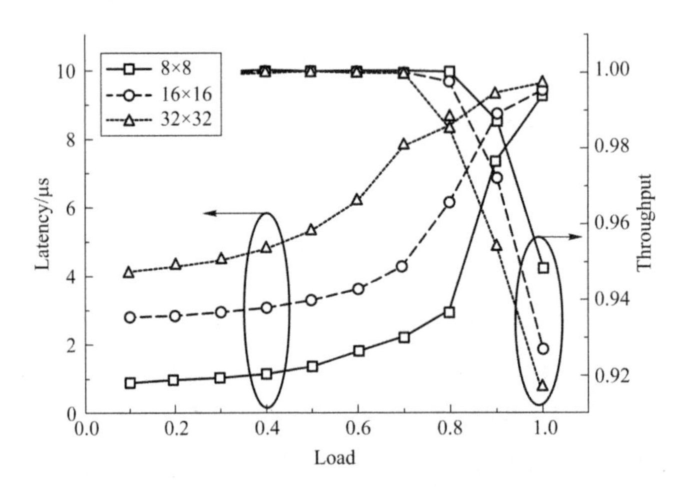

图 4-4　TRMD 的 FOS 端口数与延迟及吞吐量的关系

4.3　缓存状态矩阵分解调度机制

ToR 的组成模块如图 4-1 所示。每个 ToR 都有 $N-1$ 个逻辑缓存队列，其中，第 i 个队列缓存去往第 i 个 ToR 的队列。当服务器的数据包到达后，首先由头处理器处理，然后将数据包发送到对应的队列。缓存被分割成 64 B 的单元。一个数据包占用的单元数 N_{cell} 可通过以下公式进行计算：

$$N_{\text{cell}}=\text{ceil}(L_{\text{packet}}/64) \tag{4.2}$$

其中，L_{packet} 是数据包的长度，ceil 函数返回不小于输入值的最小整数。当有分组到达或者分组被擦除时，缓存管理（Buffer Management，BM）模块更新队列长度。

在基于 FOS 构建的网络中，FOS 通过 BM 获得 N 个 ToR 缓存状态矩阵 $\boldsymbol{B}=[b_{i,j}]_{N\times N}$，从而监控流量的动态特征。$b_{i,j}$ 是 $\text{ToR}_i(i\neq j)$ 中队列 j 的长度。一个光包由 c 个信元组成，帧的长度设置为 T_f，即一帧中有 T_f/T_s 个光分组需要调度，其

中 T_s 表示一个光分组占用的时隙长度。

BSMD 的详细运行如图 4-5 所示。在第一帧的调度开始时，ToR 仅基于单位矩阵 $\boldsymbol{I}_N$ 和其他 $N-1$ 个置换矩阵 $\boldsymbol{I}_N^i$ 采用轮询机制($i\in[1,N-1]$)进行工作。$\boldsymbol{I}_N^i$ 通过将 $\boldsymbol{I}_N$ 的第 j 列作为 $\boldsymbol{I}_N^i$ 的第 $\mathrm{mod}(j+i,N)$列得到。在后续帧开始调度之前($C_f>1$)，BM 在时间 t_1 内将缓存状态发送至 FOS。

在经历链路延迟 T_1 后，图 4-5 中的②表示 BSMD 运行的时间戳为 t_1+T_1，ToR 的缓存状态被提供给 FOS，FOS 开始基于 Birkhoff 和 von Neumann(BvN)定理分解缓存状态矩阵 $\boldsymbol{B}$。BvN 定理是为输入缓存交换机调度而实现的[50]。在时刻 $t=t_1+T_1+\delta_t$，即图 4-5 中的③，FOS 完成对矩阵 $\boldsymbol{B}$ 的分解，并开始将 α_k 和 P_k ($k\leqslant N^2-2N+2$)发送到 ToR。经历链路延迟 T_1 后，在时刻 $t=t_1+\mathrm{RTT}$，即图 4-5 中的④，ToR 接收并更新 α_k 和 P_k。在每一帧开始时，通过累加确定矩阵的调度比例的 α_k($k\leqslant i$)来计算 β_i。然后，当前时间戳的调度矩阵 $\boldsymbol{P}_k$ 通过求解当前时间 t 和 $\beta_k T_f$ 之间的关系得到。当光分组到达 FOS 时，FOS 基于相应的匹配矩阵 $\boldsymbol{P}_k$ 进行配置，从而避免竞争的发生。

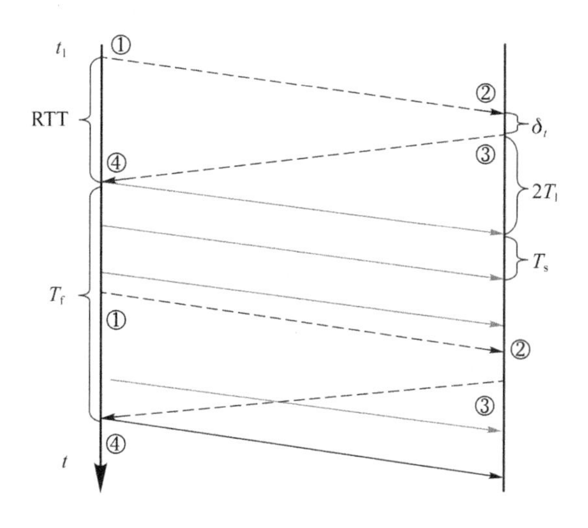

图 4-5　BSMD 运行的时间戳(RTT:往返时间)

为辅助理解 BSMD 的运行，我们给出一个由 4 个 ToR 组成的簇，其中每个 ToR 只有 1 个 TRX。假定在时刻 t_1，我们有

$$
\boldsymbol{B}=\begin{bmatrix}0 & 15 & 10 & 20\\15 & 0 & 20 & 10\\25 & 10 & 0 & 10\\5 & 20 & 15 & 0\end{bmatrix}（\boldsymbol{P}_1=\begin{bmatrix}0 & 0 & 0 & 1\\0 & 0 & 1 & 0\\1 & 0 & 0 & 0\\0 & 1 & 0 & 0\end{bmatrix}、\boldsymbol{P}_2=\begin{bmatrix}0 & 1 & 0 & 1\\1 & 0 & 0 & 0\\0 & 0 & 0 & 1\\0 & 0 & 1 & 0\end{bmatrix}、
$$

$$
\boldsymbol{P}_3=\begin{bmatrix}0 & 0 & 1 & 0\\0 & 0 & 0 & 1\\0 & 1 & 0 & 0\\1 & 0 & 0 & 0\end{bmatrix}）
$$

并且已知 T_f/T_s 为 50，则 $\boldsymbol{B}=20\boldsymbol{P}_1+12\boldsymbol{P}_2+8\boldsymbol{P}_3$。

BSMD 的时间复杂度由 BvN 矩阵分解的复杂度决定，为 $O(N^{4.5})$。然而，每个 TRX 只负责与一个组内的 N/p 个 ToR 进行通信，即光数据中心网络被划分为 p 个组。在不同组的 ToR 不会有冲突竞争。因此，BSMD 的时间复杂度可以被降低为 $O(N/p^{4.5})$。当 p 随着 N 线性增长时，BSMD 可以获得 $O(1)$的时间复杂度。

我们使用 OMNeT++平台来完成在基于 FOS 的 DCN 中支持 256 个服务器的仿真。每个服务器都配备了 100 Gbit/s 的 NIC，DCN 网络中 FOS 的端口数为 8。每个服务器都基于 ON/OFF 帕累托分布业务模型独立生成 10^5 个分组。ON 时段的平均突发长度设置在 100 KB 和 2 MB 之间。一半流量（1.6 Tbit/s）停留在 ToR 内，而去往其余 7 个 ToR 中服务器的流量比例相同。

每个 ToR 中都有 4 个 TRX，每个 TRX 的运行速率均为 400 Gbit/s。我们取光分组大小为 9 600 B，由 150 个具有相同目的地（$c=150$）的信元组成。考虑交换延迟及光分组前导码长度，我们将保护间隔设置为 8 ns，得到光分组时隙长度 T_s 为 200 ns。ToR 和 FOS 之间的链路长度为 50 m，引入的链路延迟 T_l 为 250 ns，δ_t 被设置为 10 ns。

首先，我们研究了在不同的帧长 T_f 下 BSMD 的性能。我们选取 T_f 的取值范围为[2,16]，设置平均突发长度 $\overline{X}$ 为 1 MB。图 4-6 显示了当负载不超过 0.6 时，BSMD 的 ToR 与 ToR 之间的延迟随着帧长度的增加而增加。产生该现象的原因是数据包如果未在当前帧中被调度，则会等待一整帧。当负载大于等于 0.7 时，吞吐量急剧下降，分组数量开始使得网络负载饱和。因此，增加帧长可以改善调度性能。

其次，图 4-7 展示了在各种 $\overline{X}$ 下 BSMD 的 ToR 与 ToR 之间的延迟（$T_f=10\ \mu s$）。与图 4-6 所示的结果类似，当负载不超过 0.7 时，BSMD 的延迟随着 $\overline{X}$ 的增加而增

加；当负载为 0.6 时，当 $\overline{X}$ 分别等于 100 KB 和 2 MB 时，延迟分别为 4.7 μs 和 5.6 μs；当负载接近 1 时，由于 OFF 时段迅速缩小，网络趋向饱和。

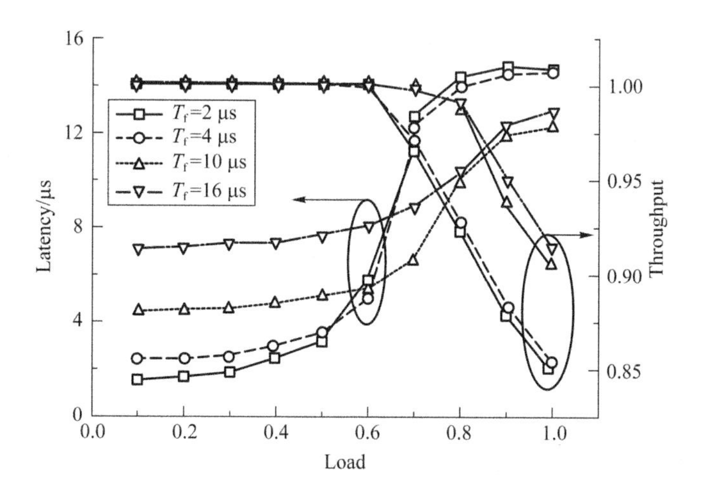

图 4-6 不同的帧长 T_f 下 BSMD 的延迟及吞吐量

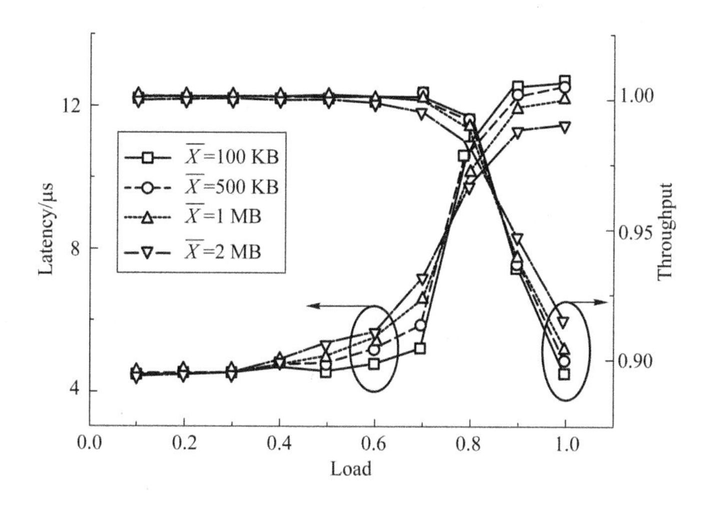

图 4-7 不同 $\overline{X}$ 下 BSMD 的延迟及吞吐量

在 T_f 为 10 μs，且 $\overline{X}$ 为 1 MB 的条件下，我们将 BSMD 的调度性能与 TRMD 算法和 FT 算法进行了对比。如图 4-8 所示，当负载为 0.3 时，由于发生竞争的概率很低，光分组可以直接传输，因此，FRT 的分组延迟是最低的。但是，随着负载的增加，越来越多的竞争导致大量重传，FRT 的性能快速恶化，但即使负载超过 0.3，BSMD 和 TRMD 仍可以有效处置流量。并且由于 BSMD 能够动态适应流量，故其性能优于 TRMD。

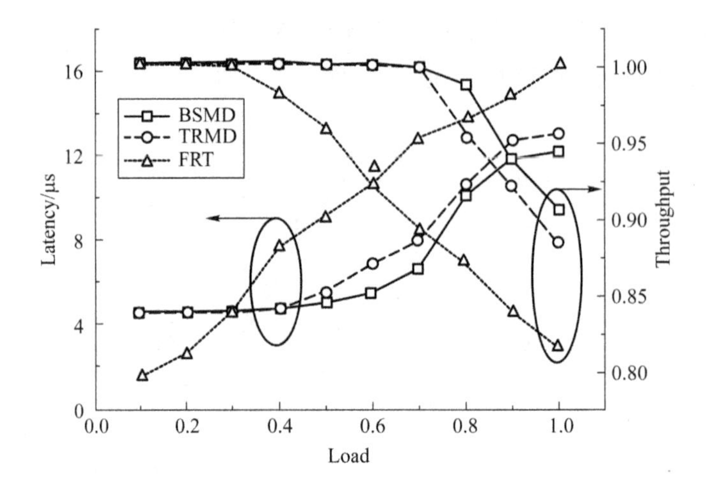

图 4-8　各调度机制的性能对比

本章小结

本章为基于 FOS 构建的 DCN 提出了两种新颖的调度机制——TRMD 和 BSMD,并给出了 TRMD 和 BSMD 的详细运行过程。在基于 FOS 的光交换 DCN 中,我们将 TRMD 和 BSMD 的性能与流控协议进行了比较。结果表明,TRMD 和 BSMD 的性能均优于 FT 算法,TRMD 可以在满负载时获得小于 10 μs 的延迟和大于 90%的吞吐量。与 TRMD 相比,BSMD 进一步提升了调度性能,在负载为 0.8 时可实现 98.8%的吞吐量。

第5章

可预期光交换数据中心网络

5.1 基于缓存快速光交换机的延迟确保数据中心网络

过去十年，数据中心(DC)见证了大数据、人工智能和云计算等应用的兴起。在支持可预期网络服务的时代，新兴虚拟现实、车联网、智慧城市等应用不仅需要巨大的带宽，而且需要极低的延迟，甚至有界的延迟[52]。为支持服务质量(QoS)确保，数据中心网络(DCN)需要从当前的尽力而为范式发展到预期的服务范式[53-57]。

人们已经提出了各种基于光交换的 DCN 来解决高带宽和低延迟的挑战。为了实现像电交换机一样的数据包交换，基于快速光交换机(FOS)的 DCN 必须能够在纳秒级进行切换。当前 FOS 的结构没有缓存，通常采用失败重传机制来解决竞争，随着网络饱和，该机制将不可避免地导致吞吐量降低[15]，并且无法提供 QoS 支持[58]。

Tanemura 等利用盘绕的光纤延迟线实现了大容量紧凑型光缓存。光纤延迟线总长度为 1.2 km，被卷绕在一个直径为 40 mm，高为 20 mm 的线轴上[59]。考虑无缓存交换结构的局限性和调度机制的不足，必须开发具有相应调度机制的新型 FOS 结构以支持差异化的 QoS。

微缓存(MB)的示意图如图 5-1(a)所示。MB 由级联的 K 个反馈缓存单元构成。MB 缓存单元的实现依赖于重新配置时间为几纳秒的 2×2 光开关(OS)，从而光分组可以反复通过光纤延迟线(FDL)循环回路[60]。一个光分组的存储时间取决于再循环的计数。为确保 MB 在 MFOS 中的可行性和实际使用，K 的值应选取一个小数字。

图 5-1(b)显示了连接到 MFOS 的机顶架交换机(ToR)的流量处理模块。到达第 i 个 ToR 的流量被分成 N 个流，用 $f_{i,j}(j=1,\cdots,N)$表示，其平均速率为 $r_{i,j}$，其中 j 为目的 ToR 的编号。来自服务器的电分组被分成单元，多个单元组成一个光分组被调度出去。

MFOS 的构建模块如图 5-1(c)所示。不同于无缓存的 FOS[15]，MFOS 包含 N^2 个 MB，这些 MB 用于存储竞争同一输出端口的光分组。开关控制器基于来自标签提取器(LE)的标签切换 $1\times N$ 光交换机。光分组竞争由 MB 避免，后续由调度算法处理。MB 的调度可以采用各种输出排队调度算法[61]。

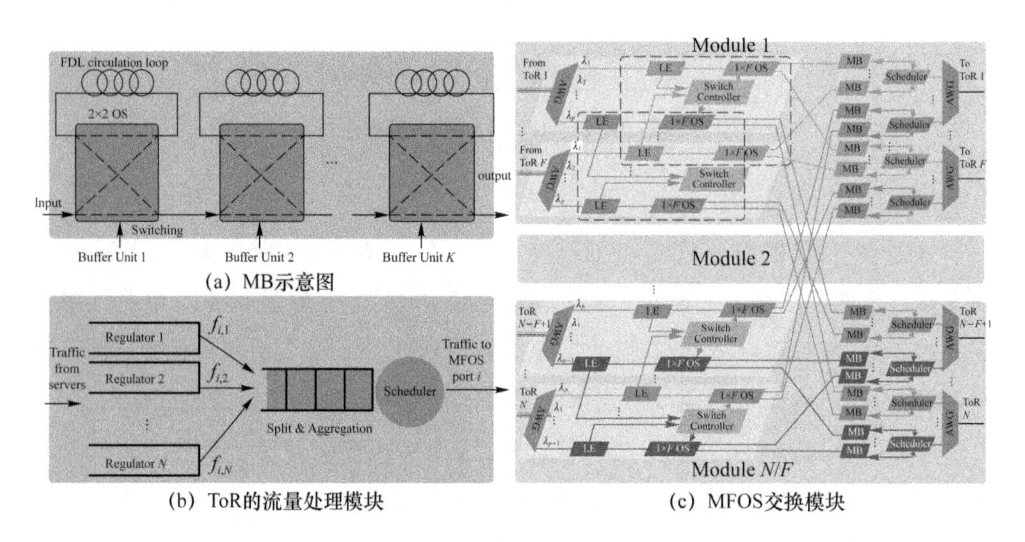

(a) MB示意图

(b) ToR的流量处理模块

(c) MFOS交换模块

图 5-1 MFOS 网络模块

对于基于 MFOS 的 DCN 的运行，首先由控制器将光分组从输入端口调度到 MB。在每个输出端口，调度器从 N 个 MB 中选择一个光分组并且将其发送出 MFOS。输入端口和输出端口的调度是解耦的，因此调度过程得到简化。通过考虑到达业务量矩阵 $\boldsymbol{I}$、MB 缓存矩阵 $\boldsymbol{M}$ 和输出调度矩阵 $\boldsymbol{O}$〔其中第 i 行(第 j 列)对应于第 i 个输入(第 j 个输出)端口〕的状态，我们给出 MFOS 的运行过程。在 MFOS 运行开始时，$\boldsymbol{M}$ 为零矩阵。因此，在第一个时隙中，$\boldsymbol{M}(1)$等于 $\boldsymbol{I}(1)$，这是因为分组是从 MB 调度走的，$\boldsymbol{O}(t)$是 $\boldsymbol{M}(t)$的一部分。在第二个时隙，MB 处缓存的光分组是第一个时隙调度后 MB 中剩余的光分组与第二个时隙新到达的光分组之和。一般来说，对于两个连续时隙 t 和 $t+1$ 的调度，遵循如下公式：

$$\boldsymbol{M}(t+1)=\boldsymbol{I}(t+1)+\boldsymbol{M}(t)-\boldsymbol{O}(t) \tag{5.1}$$

为了最小化 MFOS 中 MB 的大小，我们需在尽可能短的时间内将调度到 MB 的流量调度到 MB 之外。广义处理共享(GPS)调度是最佳的公平共享带宽算法。在 GPS 调度中，针对第 i 个 ToR，令 $W_j(t_1,t_2)$ 为流 $f_{i,j}$ 在区间$[t_1,t_2]$接收到的带宽服务量，假定在时间间隔$[t_1,t_2]$中任意时刻 τ 的积压流保持不变，则有

$$W_j(t_1,t_2)=\frac{r_{i,j}}{\sum_{j\in B(t_1)} r_{i,j}} \tag{5.2}$$

因为 $B(t_1)$是第 i 个 ToR 处 N 个流的子集，所以我们可以很容易地得出 $W_j(t_1,t_2)\geqslant r_{i,j}$。因此，$f_{i,j}$ 可以确保最低服务率 $r_{i,j}$。需要注意的是，GPS 假定在流无限可分的条件下在一个时隙内所有流都可以同时调度。然而，在现实的 DCN 中，对于每个交换端口，一个时隙内只能调度一个流。即另一个光分组在 FFQ 下传输之前，必须传输整个之前的光分组。我们采用 FFQ 来逼近 GPS[61]，FFQ 和 GPS 之间至多有一个分组服务差异[61]。光分组长度用 L 表示，我们取 ToR 和 MFOS 链路中传输数据分组的最大长度为 L_{d}。在输入、输出端口均采用 GPS 调度的场景下，根据参考文献[62]可知，输入和输出之间的数据包调度差异不超过 $2L$，因为输入和输出调度器之间的距离在电交换机中是可以忽略的。而在基于 MFOS 的 DCN 中，输入调度器位于 ToR 内部，导致 GPS 下的数据包调度差异为 $2L+L_{\mathrm{d}}$。考虑 GPS 和 FFQ 在输入和输出调度中的差异为 L，我们可以推断出输入 FFQ 和输出 FFQ 之间的数据包调度差异是有界的，为 $4L+L_{\mathrm{d}}$，即 MB 最多需要存储 $4L+L_{\mathrm{d}}$ 个光分组。因此，MB 的大小可由光分组长度进行归一化，即 K 的值，以 $4+L_{\mathrm{d}}/L$ 为界。作为推论，在 FFQ 调度中，若 $L_{\mathrm{d}}=L$，K 的值可以取为 5。

我们使用 OMNeT++平台对支持 256 台配备 100 Gbit/s 网卡服务器的光 DCN 进行仿真。MFOS(FOS)的端口数设置为 16，具有 4 个波长($N=16$，$p=F=4$)。每台服务器都基于 ON/OFF Pareto 分布模型[4]独立生成 10^5 个数据包。ToR 内流量比例 σ 设置为 0.5，而其他 50%的 ToR 间流量流向其余 15 个 ToR 中的服务器。ToR 间流量分布 $d_{i,j}$ 由式(5.3)定义。我们考虑了 ω 为 0 的均匀和 ω 为 0.5 的非均匀 ToR 间流量模式。对于任意的流 $f_{i,j}$，我们有 $r_{i,j}=d_{i,j}\times\rho$，其中 ρ 是网络负载。

$$d_{i,j}=\begin{cases}(1-\sigma)(\omega+(1-\omega)/(N-1)), & i=j-1\\ \sigma, & i=j\\ (1-\sigma)(1-\omega)/(N-1), & \text{其他}\end{cases} \tag{5.3}$$

每个 ToR 都配备 4 个 800 Gbit/s 的收发器。我们将光分组的大小设为 12 288 B，由 48 个大小为 256 B 的单元组成。考虑光分组的前导文及保护间隔，将光分组的时隙长度设置为 500 ns[5]。当 ToR 和 MFOS 的间距为 100 m 时，链路延迟为 500 ns。一个 MB 的光纤总长度为 500 m，最多缓存 5 个光分组。根据参考文献[60]可知，可将 1.2 km 长的光纤盘绕在单个线轴上。

首先，我们研究并比较了使用 FFQ 调度由 MFOS 构建的 DCN 和采用失败重传机制由 FOS 构建的 DCN 的性能。均匀和非均匀 ToR 间流量由式(5.3)描述。图 5-2 显示了由 MFOS 和 FOS 构建的 DCN 的平均延迟和归一化吞吐量。当负载小于 0.4 时，基于 FOS 的 DCN 的 ToR 到 ToR 延迟低于基于 MFOS 的 DCN，原因是到达数据包的竞争概率低，可以直接传输。然而，当负载增加到超过 0.4 时，FOS 的竞争增加导致大量重传，而由于 MFOS 消除了重传，因此，基于 MFOS 的 DCN 的性能优于基于 FOS 的 DCN。

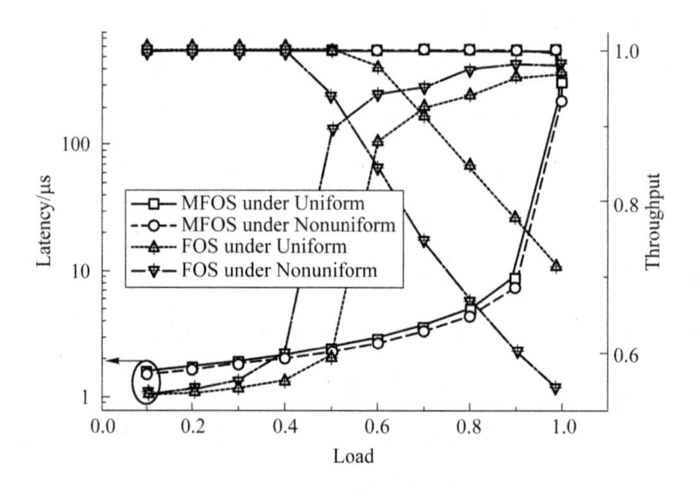

图 5-2　MFOS 与 FOS 的性能对比

其次，我们在非均匀流量中将流 $f_{1,3}$ 的相对负载从 1 扩展到 10，以模拟一个流发送超过其分配带宽的流量，当 $f_{1,3}$ 的相对负载没有扩展时，网络的负载为 0.5。图 5-3 显示了 $f_{1,3}$ 和 $f_{1,4}$ 的平均延迟，由图 5-3 可以清楚地看出，在由 MFOS 构建的 DCN 中，增加的 $f_{1,3}$ 负载对 $f_{1,4}$ 的平均延迟没有影响，即无论其他负载的大小为多少，$f_{1,4}$都获得保证带宽。因此，$f_{1,4}$的平均延迟几乎是一个常数。而在由 FOS 构建的 DCN 中，由于 FOS 不能区分流，故其无法识别 $f_{1,3}$的过度发送行为，从而降低了根据协商带宽发送的流量的性能即降低了原本表现良好的流的性能。

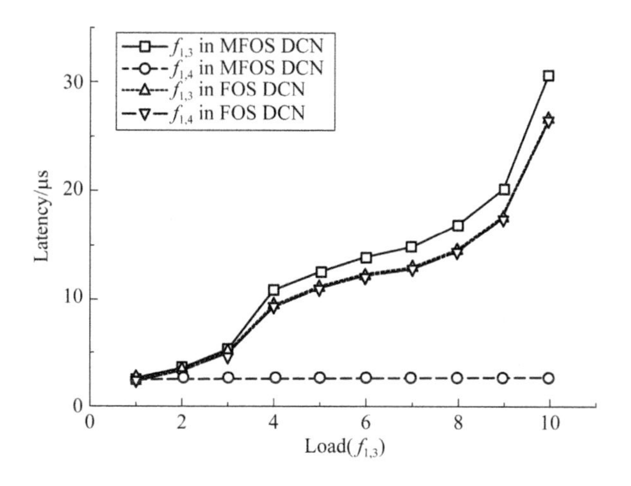

图 5-3 MFOS 的带宽确保机制

我们还研究了基于 MFOS 的 DCN 在均匀和非均匀流量下的最大延迟。为了获得有界的延迟，我们将调节器中漏桶的大小设置为 10 个光分组的长度。对于均匀业务和非均匀业务的所有流，分配的最小带宽分别为 1/30 和 1/60。因此，对于均匀业务和非均匀业务，理论上，延迟上界分别为 225.5 μs 和 450.5 μs。如图 5-4 所示，仿真结果的最大延迟远小于理论上界。

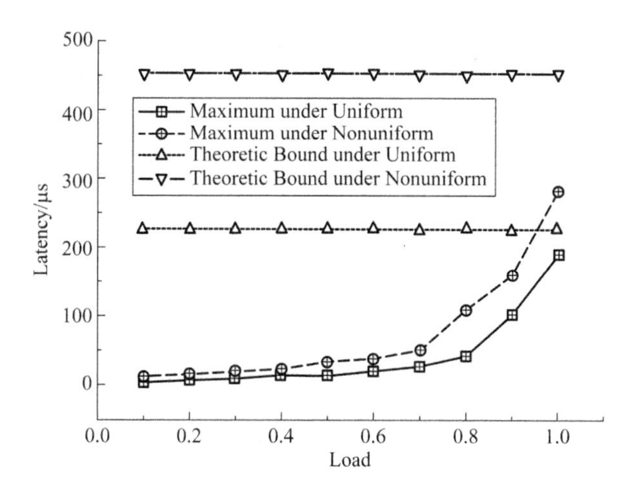

图 5-4 MFOS 的延迟确保机制

我们提出了一种采用MB的新型FOS结构用于构建光DCN，并采用FFQ来最小化MFOS中MB的缓存区大小。仿真结果表明，基于MFOS的DCN极大地改善了网络性能，并在0.8的负载下实现了6.7 μs的ToR到ToR延迟和99.9%的吞吐量。此外，理论分析和仿真验证了基于MFOS的DCN支持带宽确保和时延确保。

5.2 基于光电路交换的CPU-GPU池化网络

随着机器学习、大数据和虚拟现实的蓬勃发展，云数据中心(DC)中的数据集和模型规模正在稳步增加。因此，为了处理不断增长的大规模问题，采用GPU计算变得有必要。但是，GPU主要面向并行计算，而不处置云数据中心网络中具有复杂逻辑的各种工作负载。因此，CPU和GPU必须协同工作才能提供令人满意的性能。

目前，由于资源限制，以及受限于机架规模的池化技术限制，云DCN中互联的CPU和GPU服务器的数量受到限制。在机架内部，紧密耦合CPU和GPU的服务器导致了资源浪费并限制了CPU和GPU服务器的独立发展。据报道，云DCN中的CPU平均利用率约为40%[63]，而且硬件的简单级联不能满足快速发展的人工智能(AI)计算应用的需求。

在当前的互联技术下，当互联超过16个GPU卡时，网络性能会急剧下降。为了在不导致明显的网络性能下降的情况下实现资源池化，现有研究表明，3 μs的往返延迟(Round Trip Time, RTT)是先决条件[64]。而以太网的单跳交换机的交换延迟大于800 ns，则Pod之间延迟的RTT将大于5 μs。因此，采用以太网交换机实现资源池化是行不通的。尽管存在局限性，但是在CPU和GPU池化DCN的场景下，光电路开关被认为是一种很有前景的技术[65]。

为了支持令人满意的池化网络性能，我们必须探索新技术来保证3 μs的RTT。基于PCIe的第4代协议，我们研究了电交换机PE(PCIe with ethernet switches)解决方案和光电路交换PO(PCIe over optical)解决方案的细节，并进行了定量比较。结果表明，PO的RTT解决方案满足RTT约束。此外，PO解决方案的应用完成时间和功耗均优于PE解决方案。

图 5-5 展示了具有 CPU 和 GPU 服务器的可扩展池化 DCN。DCN 中已经广泛部署了机架规模的池化。在机架内部,PCIe 交换机(PSW)互联 CPU 服务器和 GPU 服务器。PSW 由核心交换机(CSW)连接,核心交换机采用以太网交换机(ES)或光电路交换机(OCS)。

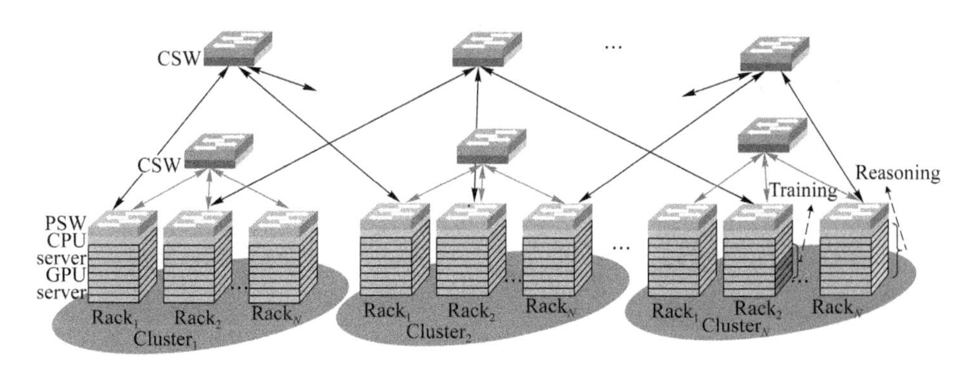

图 5-5 CPU 和 GPU 池化网络

为了充分理解池化 DCN 的优势,我们展示了一个典型的训练和推理应用场景。如图 5-5 所示,由于并行计算量大,故训练应用需要 1 个 CPU 服务器与 4 个关联的 GPU 服务器。而因为计算任务减少,所以推理应用只需要 1 个 CPU 服务器和 1 个 GPU 服务器。随着应用的完成,机架内的空闲资源将发生变化,从而导致动态可用资源。在特定时间,可用资源可能不足以部署新应用。因此,机架中的资源池可能会产生 CPU 和 GPU 服务器的资源碎片,导致资源利用率低下。

为了提高资源利用率,满足人工智能计算的快速发展需求,需要对整个网络规模进行资源池化。一种直接的方案是将 PCIe 数据包转换为以太网数据包,然后由以太网交换机进行传输。很明显,PE 解决方案的 RTT 不能令人满意,因此,PE 解决方案不适用于 GPU 和 CPU 服务器池化的实际部署。或者可以使用 PO 解决方案将池化 DCN 扩展到机架规模之外。然而,PO 接口没有完整的规范,且当前的光接口并未针对 PCIe 的使用进行优化。在 PO 解决方案中,固件用于支持带外信号,包括重置、上电和参考时钟。电路的空闲功能也在固件中实现,当检测到链路上的电路空闲时,发射器和接收器被关闭;当在链路上检测到数据时,它们将被打开[66]。

我们搭建了测试床来评估 CPU 和 GPU 服务器池化的网络性能。如图 5-6 所示,我们将 CPU 和 GPU 服务器连接到 PSW,然后再通过 ES 或 OCS 互联。OCS

不能支持任意流量模式，它只能处理特定的点对点连接。当运行的应用动态调整时，我们可以灵活地重新配置这些连接。上述训练和推理应用的切换时间粒度比较大，超过 10 h，属于不频繁重配置的 OCS 部署场景。

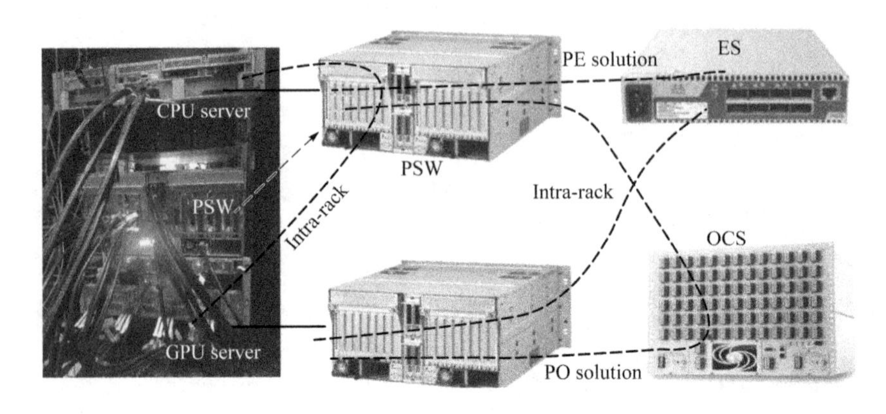

图 5-6　机架内 PE 和 PO 方案对比

基于实验设置，我们在由一个 PSW 连接 CPU 服务器和 GPU 服务器的场景下进行延迟测量，RTT 为 882 ns。然后，我们分别测量电交换机互联 PE 解决方案和 OCS 互联 PO 解决方案的 RTT。PSW 和 CSW 之间的链路距离为 10 m。考虑链路距离以及电交换机、OCS 和用于实现协议封装和透传的相应模块引入的延时，我们得到 PE 解决方案和 PO 解决方案的 RTT 分别为 3.7 μs 和 2.8 μs。PSW 的机架内和机架间流量的延迟是不同的，因为机架间的流量由两颗 PCIe 交换芯片处理，而机架内的流量仅由一颗 PCIe 交换芯片处理。

PO 解决方案在 10 m 光纤下的延迟为 2.8 μs，由于其潜在支持更长的通信距离，因此，该方案能够支持可扩展的池化 DCN。如图 5-7 所示，我们对 RTT 各个组成部分的延迟都进行了量化，包括服务器、交换机、链路和互联模块。采用理想的 PO 解决方案，PO 解决方案的延迟可以优化至 100 ns，CPU 服务器和 GPU 服务器的通信距离可以达到 62 m 并确保 3 μs 的 RTT，而 PE 解决方案在通信距离为 5 m 时，RTT 就已经超过了 3 μs 的限制。

除了实验设置下的静态 RTT 测量外，我们还利用 Gem5-GPU 进行了 CPU-GPU 互联网络性能研究的仿真[67]。我们采用后向传播应用评估 PE 和 PO 解决方案的网络性能。在模拟中，链路带宽基于最新的 PCIe 第五代协议被设置为 64 GB/s。OCS 和 ES 的延迟分别被设置为 50 ns 和 800 ns。服务器与 PSW 之间的距离为 5 m，考虑理想的 PO 解决方案，将光纤长度设置为 50 m，解决方案支持大于 50 m 的通信。我们模拟了一个支持 8 个 CPU 服务器和 32 个 GPU 服务器的池化 DCN,总内存为 32 GB。CPU 服务器和 GPU 服务器维护独立的物理地址空间。

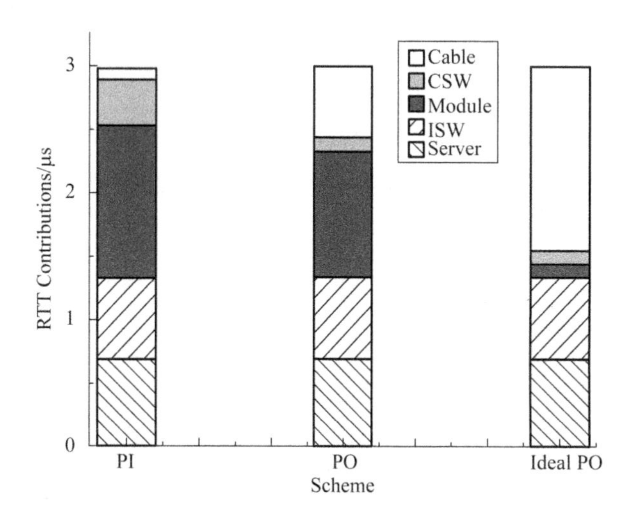

图 5-7 各网络组件的 RTT 贡献

后向传播应用被选作馈入模拟器。随着后向传播应用的输入节点从 16 个扩展到 128 个,我们得到了 PE 和 PO 解决方案的应用完成时间。如图 5-8 所示,根据该图可以清楚地看出基于 OCS 的 PO 解决方案优于 PE 解决方案。当应用规模为 128 个节点时,PO 解决方案的完成时间比 PE 解决方案少 48.3%。

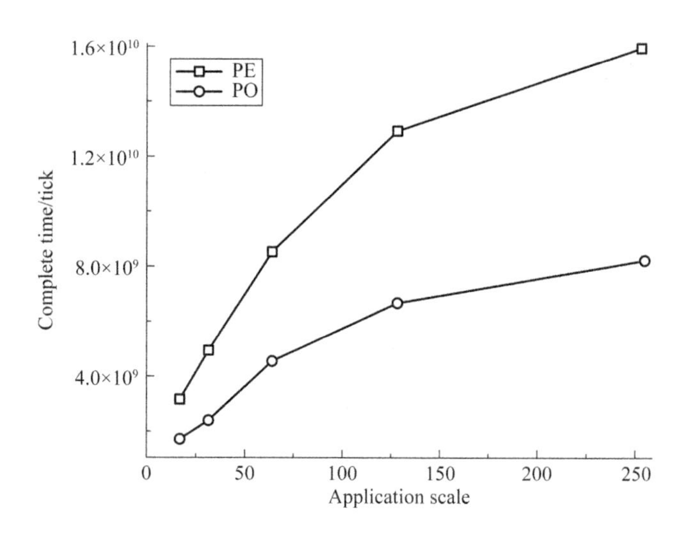

图 5-8 不同应用规模下的完成时间

我们对基于 PO 和 PE 的 DCN 进行了成本和功耗的比较。在对比中，由于服务器和 PSW 对这两种解决方案的贡献相等，所以我们仅考虑互联模块和 CSW 的成本和功耗。表 5-1 列出了 PCIe 第四代互联模块和 CSW 的成本和功耗，表中数据来源于与设备制造商的讨论[66,68]。表 5-1 中的价格和功耗是从当前的商用设备和实验室样机上获得的，当采用新技术时，成本和功耗可能会发生变化，故表中数据应该被理解为实际值的近似值。PE 的互联模块是用 FPGA 定制的，所以功耗比较大。电交换机有 40 个端口，端口运行速度为 200 Gbit/s。虽然相较于 320 端口的商用 OCS，氮化硅 OCS 可以降低成本，但端口归一化的氮化硅 OCS(64 端口)的成本仍然高于电交换机。然而，随着端口通信带宽的不断增加，OCS 的成本将变为一个常数，因为 OCS 对带宽和调制格式是透明的。而且在池化 DCN 中大量部署 OCS 的情况下，OCS 的成本可以摊销，从而获得成本效益。

表 5-1　数据中心网络各组件的成本及功耗

设备	带宽	端口数	成本/美元	功耗
IFA	256 Gbit/s	—	1 500	36
IBS	16 Tbit/s	40	13 000	122
Card	128 Gbit/s	—	6 400	18
OCS	—	320	6 000	2.5
TRX	200 Gbit/s	—	800	18
SiN OCS	—	64	2 500	1

如表 5-1 所示，PE 解决方案每 16 端口的成本为 2 150 美元，而优化的 PO 解决方案的成本为 3 300 美元。对于 PCIe 第五代协议及未来更高版本的协议，我们可以预期优化的 PO 解决方案的成本将变得与 PE 解决方案相当，甚至可能优于 PE 解决方案。对于功耗，我们可以很容易地观察到优化的 PO 解决方案优于 PE 解决方案。图 5-9 显示了采用 PE 解决方案和 PO 解决方案 DCN 的成本和功耗，DCN 采用图 5-5 所示的拓扑进行规模扩展。我们可以发现，当服务器数量在 10 000 台以下时，PO 解决方案的成本比 PE 解决方案高 53.4%，因为 PO 解决方案的大部分成本贡献来自 OCS。而 PO 解决方案的功耗相较于 PE 解决方案降低了 51.3%。

我们将 CPU 和 GPU 服务器与机架内的 PSW 进行池化，RTT 延迟仅为 882 ns。此外，我们定量分析并比较了 PE 解决方案和 PO 解决方案的延迟性能。结果表明

PO 解决方案获得了 2.8 μs 的 RTT，支持 62 m 通信距离。仿真结果验证了 PO 解决方案可节省 48.3%的应用完成时间。此外，功耗分析表明，PO 解决方案相对于 PE 解决方案节省了 51.3%的功耗。

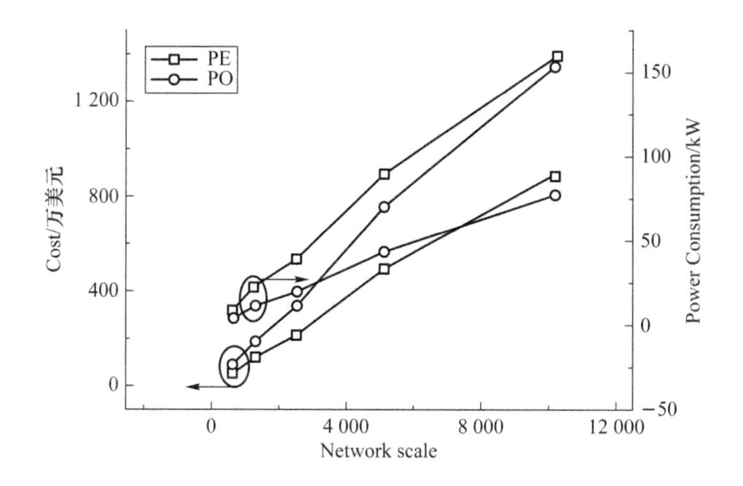

图 5-9 采用不同解决方案 DCN 的成本和功耗对比

本章小结

本章提出了一种新型的采用 MB 的 FOS 结构，用于构建光数据中心网络。为了优化该结构，我们采用了 FFQ 技术来最小化 MFOS 中的 MB 缓存区大小。仿真结果表明，基于 MFOS 的 DCN 在性能上有显著提升。在负载达到 0.8 的情况下，实现了从 ToR 到 ToR 的延迟仅为 6.7 μs，且吞吐量达到了 99.9%。此外，通过理论分析和仿真验证，我们确认基于 MFOS 的 DCN 能够实现带宽确保和时延确保。在本章的设计中，我们将 CPU 和 GPU 服务器与机架内的 PSW 进行池化，结果显示 RTT 的延迟仅为 882 ns。进一步的定量分析和比较表明，PE 和 PO 两种解决方案在延迟性能上存在显著差异。PO 解决方案的 RTT 仅为 2.8 μs，支持的通信距离达到 62 m。仿真结果进一步验证了由于 PO 解决方案的 RTT 较低，故其能够显著节省应用完成时间，具体的节省比例达到了 48.3%。在功耗分析方面，PO 解决方案相较于 PE 解决方案显示出了显著优势，能够节省 51.3%的功耗。通过对比可以看出，PO 解决方案在低延迟和高能效方面表现优异，是一种非常有前景的解决方案。

第6章 关于基于递归快速光交换机的高性能计算网络架构的性能研究

6.1 引　言

随着基因测序、生物制药、天气预报、深度学习等大规模高性能计算(HPC)应用的快速发展,HPC 网络的峰值算术速度正在迅速提高[1]。当前排名前 500 的超级计算机已能够支持超过 1 000 个刀片,每个刀片产生的数据流量高达 1.6 Tbit/s[2-3]。这些超级计算机采用多层高基数电交换机来满足连接性和带宽要求。然而,部署多层高基数电交换机不可避免地会导致高延迟。此外,基于电交换机的 HPC 网络采用了大量高成本和高功耗的光电和电光转换(O/E/O)模块[4-6]。因此,这些基于电交换机的 HPC 网络的成本较高但功耗效率并不高。为了支持超级计算机的持续增长的理论峰值(Rpeak)性能,同时保持成本和功耗的高效性,基于光交换技术的 HPC 网络越来越受到欢迎[7-9]。

利用快速光交换技术可以大大降低与 O/E/O 互联相关的成本和功耗。此外,操作在纳秒级的快速光交换机(FOS)可以通过利用统计复用提供子波长粒度的按需带宽需求和超大连接性。透明的数据速率/格式切换和快速切换能力使得 FOS 成为在 HPC 网络的分组交换场景下的合适候选者。

为了适当引入基于 FOS 的互联网络,我们必须解决 FOS 的快速(纳秒级)控制器,以克服光学存储不足的问题。近些年,许多研究提出使用无缓冲 FOS 的

OPSquare 数据中心网络(DCN)[14-15]。如图 6-1(a)所示,OPSquare 拥有两个并行层的 FOS,分别是 FOS_i^1(第一层的第 i 个 FOS)和 FOS_i^2(第二层的第 i 个 FOS),分别用于集群内和集群间网络。OPSquare 与 Fat-Tree 和 Leaf-Spine 架构相比实现了低成本和高功耗效率。除了采用快速光交换机之外,还可以采用基于阵列波导光栅路由器(AWGR)的架构,该架构满足高基数连接和亚微秒级延迟的性能[16-18],但可调激光器导致了高成本,阻碍了实际部署。

为了进一步降低成本和功耗,我们提出了 HiFOST,通过去掉 FOS_{es} 的一个级别来实现[28]。此外,为了将顶层交换机(ToR_s)的数量扩展到≥4 000,OPSquare 和 HiFOST 都需要采用具有挑战性的 64×64FOS。作为替代方案,FOScube 采用 3 个并行级别的 FOS 来消除 OPSquare 和 HiFOST 中高基数 FOS 的需求[29]。FOScube 的网络拓扑如图 6-1(b)所示,图中 M、N、L 分别是第一层、第二层和第三层 FOS 的基数。在 FOScube 中,有 L 个 OPSquare 子网络,FOS_i^3(第三层的第 i 个 FOS)与每个 OPSquare 子网络中的第 i 个 ToR 互连。与 OPSquare 相比,FOScube 可以实现更好的网络性能、更低的成本和更高的功耗效率。除了基于 FOS 的 DCN 之外,我们还提出了 $HFOS_4$,用于实现支持数千个刀片的超级计算机[30]。

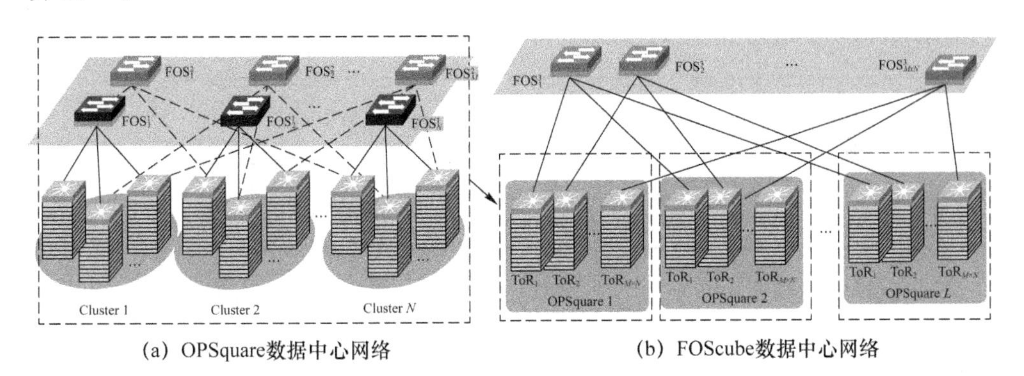

(a) OPSquare数据中心网络　　(b) FOScube数据中心网络

图 6-1　多层级数据中心网络

与构建 OPSquare 和 FOScube 类似,我们通过添加 L 层 FOS 来构建 $HFOS_L$ 网络(L≥4)。$HFOS_L$ 网络的描述和操作细节将在 6.2 节中讨论。显然,$HFOS_L$ 网络可以由每个级别具有不同基数的 FOS 来构建。因此,找出在 $HFOS_L$ 网络中实现最小功耗和成本的最佳网络配置是一个开放性的问题。此外,为了支持具有数千个刀片的 HPC 网络,我们需要深入评估不同 L 并行级别 FOS 的 $HFOS_L$ 网络的功耗和成本。通过比较，我们可以得到实现最小成本和功耗的 $HFOS_L$ 网络级别 L 的最佳值。表 6-1 比较了包括纯光学、纯电气以及混合光学和电气在内的各种网络架构。

表 6-1　各种网络架构的比较

网络架构	扩展性	对分带宽	光/电	度	直径
Leaf-Spine[19]	$\frac{R^s R_d}{2}$	$\frac{R^s}{2}$	电	1	2
2D Torus[20]	M	$2M^{0.5}$	电	4	$\sqrt{M}-1$
Dragonfly[6]	$R_d a(ah+1)$	$\frac{a(ah+1)}{4}$	电	2	3
De Bruijn[20]	M	$\frac{2dM}{\log_d M}$	电	d	$\log_d M$
Sirius[21]	NR_u	$\frac{NR_u}{2}$	光	R_u	3
Jupiter[22]	$\frac{R^s R_d}{4}$	$\frac{NR^s}{2}$	混合	1	5
X-NEST[23]	N^3	N^2	混合	1	4
OPTUNS[24]	$N^2 R_d$	$2N$	混合	1	$\frac{N}{2}+4$
PULSE[25]	Np^2	$\frac{Np^2}{2}$	光	p	1
OPSquare[14]	$R_d N^2$	$\frac{N^2}{2}$	混合	1	5
Flexspander[26]	M	$MR_u \frac{1}{2R_d(\sigma+1)}$	混合	1	4
3D-Hyper-FleX-LION[27]	$\frac{(R_d+R_u)^4}{512}$	$(R_d+R_u)^3 \frac{1}{512}$	混合	1	4
$HFOS_L$	N^L	$\frac{N^L}{2}$	光	L	$2L-1$

注：M 为网络规模，R^s 为组间（脊梁）交换机的基数，R_d（R_u）为组内（叶子）交换机的下行（上行）基数，a 为 Dragon 中的本地通道，h 为 Dragon 中的全局通道，N 为 FOS(OCS)基数，L 为 $HFOS_L$ 网络中的层数，σ 为 inter-pod 与 intra-pod 带宽的比例。

我们将提出的 $HFOS_L$ 与传统的电拓扑和近些年的光网络方案进行了比较。

如表 6-1 所示，Dragonfly、2D Torus 和 De Bruijn 都是电学网络方案。Dragonfly 的节点度仅为 2，支持可扩展性[6]。2D Torus 和 De Bruijn 具有相对较大的网络直径，以实现可扩展性[20]。传统的电拓扑方案面临带宽瓶颈问题，因此，我们提出了多种采用光交换机技术的网络方案。

Jupiter[22] 和 X-NEST[23] 是基于光电交换机的混合网络方案，重新配置时间为毫秒级。此外，需要复杂的中央控制来解决网络架构与动态流量模式之间的不匹配问题。PULSE[25] 和 OPTUNS[24] 可以实现亚毫秒级的重新配置时间。PULSE 是一种纯光学解决方案，它的每个节点都配备了 p 个收发器。PULSE 的直径为 1，但它的可扩展性仅限于 Np^2。OPTUNS 针对 5G 边缘云的场景，具有中等可扩展性。同时，OPTUNS 只具有微秒级的切换时间，无法实现分组的切换粒度。Sirius 也是一种纯光学方案，实现了纳秒级的切换时间，直径相对较小，为 3 跳[21]。然而，在最坏的情况下，为了实现负载均衡，它会浪费 50% 的网络带宽。Flexspander 在建设方面提供了充分的灵活性，并可以使用任意组合的商业电数据包交换机和 OCS_{es}[26]。而 3D-Hyper-FleX-LION 由排列在各行和列中的相同的 ToR_s 组成，这些 TOR_s 彼此之间都具有全连接性[27]。$HFOS_L$ 网络是一种纯光学方案，具有卓越的 N^L 可扩展性，具有大的 $\frac{N^L}{2}$ 剖分带宽。$HFOS_L$ 的直径相对较大，为 $2L-1$。然而，仅当 L 为 4 时，$HFOS_L$ 在 FOS 基数为 16 的情况下支持 65 536 的可扩展性。

通常采用 ToR 层来构建数据中心网络。因此，数据中心的架构要么是电气的，要么是混合的，具体取决于其他层是否包括光交换机元素。而在高性能计算网络中，除了在数据中心网络中采用 ToR 层的架构外，还有大量刀片采用直接彼此连接的架构。$HFOS_L$ 是多维环面的一种变体，它使用光交换机来增加等分带宽。

本章的创新点主要体现在以下几个方面。首先，我们扩展了之前基于 FOS 的 $HFOS_2$[14]、$HFOS_3$[29] 和 $HFOS_4$ 网络[30]，它们分别具有二、三和四层 FOS 层。通过将 FOS 互联层的数量推广到 $L(L\geqslant 2)$，我们提出了具有 L 层的可扩展递归光学 HPC 互联架构 $HFOS_L$。我们提出并展示了 $HFOS_L$ 网络的通用拓扑和操作细节，包括路由算法。其次，我们对 FOS 的功耗模型和成本模型进行了参数化，以分析每个基数函数的功耗和成本特性，并在理论上解决了 $HFOS_L$ 网络的功耗和成本优化问题。最后，我们给出了通用 $HFOS_L$ 网络、Leaf-Spine 和 Fat-Tree 网络的能源和成本计算公式，用于比较和验证 $HFOS_L$ 网络的成本和功耗效率。

在本章中,我们旨在解决所提出的可扩展递归 $HFOS_L$ 网络的成本和功耗优化问题。我们在一般的 FOS 成本和功耗条件下分析了优化问题,证明了只有当所有级别的 FOS 基数相等时,$HFOS_L$ 网络才能实现最小的功耗和成本。此外,与 Leaf-Spine 网络的比较结果表明,$HFOS_L$ 可以节省 64.2%的成本和 30.9%的能源消耗。

本章结构如下:6.2 节描述了基于快速流控制和定制刀片的 FOS 的新型递归 $HFOS_L$ 基础设施;6.3 节建立了 FOS 的功耗和成本计算模型,并计算了 $HFOS_L$ 网络的功耗和成本;6.4 节演示了 FOS 成本和功耗在一般条件下解决优化问题的理论推导;6.5 节给出了电气 Leaf-Spine 和光学 $HFOS_L$($L\leqslant 4$)网络之间的成本和功耗比较;最后总结了本章的主要结论。

6.2 多层 FOS 架构的实施

$HFOS_L$ 是一个递归定义的并行 HPC 网络拓扑。如图 6-2(a)所示,$HFOS_1$ HPC 网络只是一个具有 N 个刀片的机架,直接连接到一个具有 N 个端口的第一代 FOS。如图 6-2(b)所示,$HFOS_2$ HPC 网络是由 M 个 $HFOS_1$ 和 N 个具有 M 个端口的第二代 FOS 组成的。在 $HFOS_2$ 中,刀片配备了两个 NIC_s,用于机架内和机架间通信。第二代 FOS 的第 i 个 FOS 连接每个机架的第 i 个刀片($1\leqslant i\leqslant N$)。$HFOS_2$ HPC 网络的拓扑与图 6-1(a)中 OPSquare DCN 的相同。为了支持 64 个刀片的 $HFOS_2$ HPC 网络,可以有两种不同的网络配置($N=M=8$ 或 $N=4,M=16$)。类似地,图 6-2(c)展示了由 K 个 $HFOS_2$ 和具有基数 K 的 $M\times N$ 第三代 FOS_{es} 组成的 $HFOS_3$ HPC 网络。实际上,可以通过用强大的刀片替换 FOScube DCN 中的 TOR_s 来建立 $HFOS_3$ HPC 网络。图 6-2(d)显示了基于超立方体拓扑的 $HFOS_4$ HPC 网络。第四代 FOS^4 连接了来自每个 $HFOS_3$ 的相同索引刀片,即图 6-2(d)中的立方体。假设第 l 级的 FOS 基数为 R_l,那么我们有 $R_1=N,R_2=M$ 和 $R_3=K$。

$HFOS_L$ HPC 网络的示意图如图 6-3 所示。在 $HFOS_L$ HPC 网络中有 R_L 个 $HFOS_{L-1}$ 子网络。FOS_i^L 连接每个 $HFOS_{L-1}$ HPC 子网络中的第 i 个刀片。每个 $HFOS_{L-1}$ HPC 子网络支持 H 个刀片($H=R_1R_2\cdots R_{L-1}$)。在构建 $HFOS_L$ 网络时,每个刀片配备了 L 种类型的 NIC_s,第 i 种类型的 NIC 连接刀片和第 i 级的

FOS,第 i 级的 FOS 负责两个不同的 $HFOS_{i-1}$ HPC 网络之间通信。从 FOS 的角度来看,在每个 $HFOS_i$ HPC 子网络中,第 i 代的第 j 个 FOS 连接了每个 $HFOS_{i-1}$ 中的第 j 个刀片($1 \leqslant i \leqslant L$)。路由的详细信息在 6.3 节中讨论。

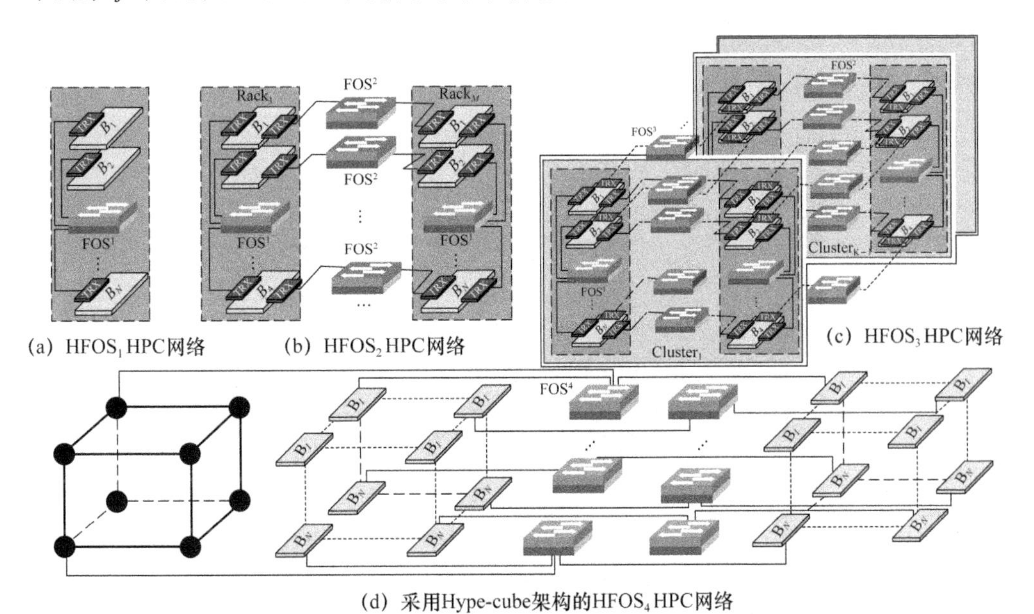

(a) HFOS₁ HPC网络　(b) HFOS₂ HPC网络　(c) HFOS₃ HPC网络

(d) 采用Hype-cube架构的HFOS₄ HPC网络

图 6-2　$HFOS_L$ HPC 网络架构

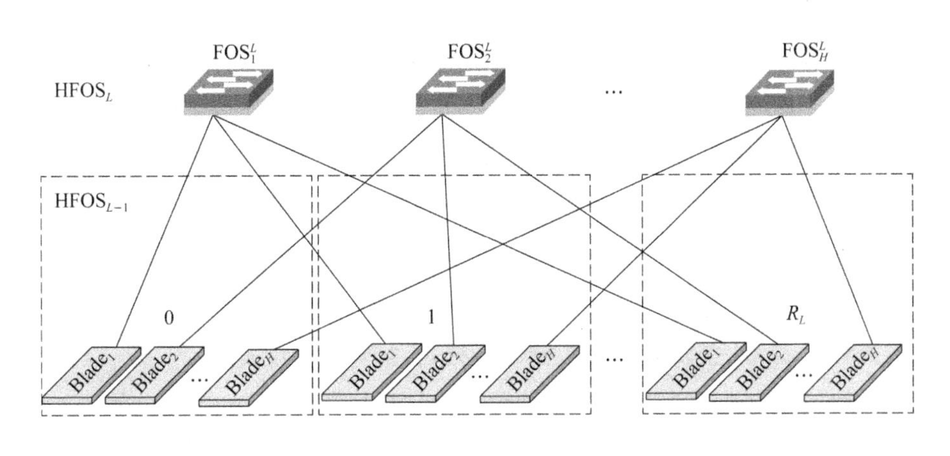

图 6-3　$HFOS_L$ HPC 网络的示意图

图 6-4 展示了刀片的架构。它由 32 个互联的核心和 L 种类型的 NIC_s 组成。刀片中有两个处理器,每个处理器有 4 个模块,通过快速路径互联协议(QPI)的网状拓扑相互连接。在模块内部,核心由共享高速缓存连接。CPU 连接到芯片组,

从核心生成的数据包通过芯片组传输到 NIC_s。NIC_s 的维度通过使用多个 WDM 收发器(TRX)来提供所需的过载比。如图 6-4 所示,第 i 种类型的 WDM TRX 的数量为 e_i。e_i 个 WDM TRX 负责发送流量到第 i 种类型的 FOS。e_i 的值可以根据需要灵活分配,以实现特定目标的过载比。流量控制模块用于解决发生在 FOS 处的数据包竞争。刀片通过 WDM 连接到 FOS。

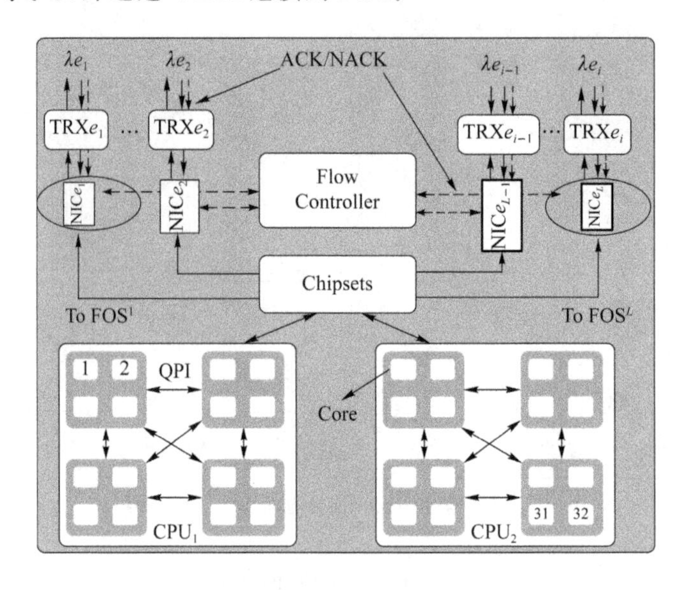

图 6-4　配备 WDM 收发器和快速流量控制的刀片示意图

锂铌酸钠($LiNbO_3$)开关利用了超快的电光效应响应时间(纳秒级)来支持相对高的插入损耗(8 基数下为 10 dB)的分组交换。阵列波导光栅(AWG)支持分组交换,但需要使用高成本的可调激光器。为了实现低损耗和低成本,我们选择使用基于半导体光放大器(SOA)的广播和选择光交换机,它们支持大约 20 ns 的交换。

图 6-5 显示了基于 SOA 的分布式 FOS 的广播和选择架构。对于每个输入端口,多路复用的 p 个波长在输入端由阵列波导光栅(AWG)分开。光包的标签由标签提取器(LE)提取,并由开关控制器进行处理,$1\times N$ 光开关受控于开关控制器。由于在不同模块中并行处理多路复用的 WDM 输入数据包,N 个输入端口之间的冲突可以以分布方式解决,因此,与端口数量无关的重新配置时间为 20 ns[10]。在 FOS 中,快速光流控制负责解决争用问题。

我们采用 100 GHz 间距的波长通道支持 40 个密集波分复用。如图 6-5 所示,输入端的 AWG 的尺寸都是 $1\times p$,而 AWG 的输出连接顺序与波长的顺序(λ_1 到 λ_p)不同。此外,输出端的 AWG 是 $F\times1$ 复用器。当 $p>F$ 时,FOS 可以通过 $p\times1$

AWG 构建，这些 AWG 只有 p 个波长的硬连接，因此，所有 $N\times p$ 个 AWG 都是相同的。相反，如果采用小型 $F\times 1$AWG 构建 FOS，将会导致出现不同种类的 AWG。每个 p 输出端的 AWG 都与一个接收器连接。在 $1\times F$ 开关中，光载荷只有当光标签在光标签提取器提取并处理后，才会被透明地切换。有关 FOS 操作的更多细节可以在参考文献[28]中找到。

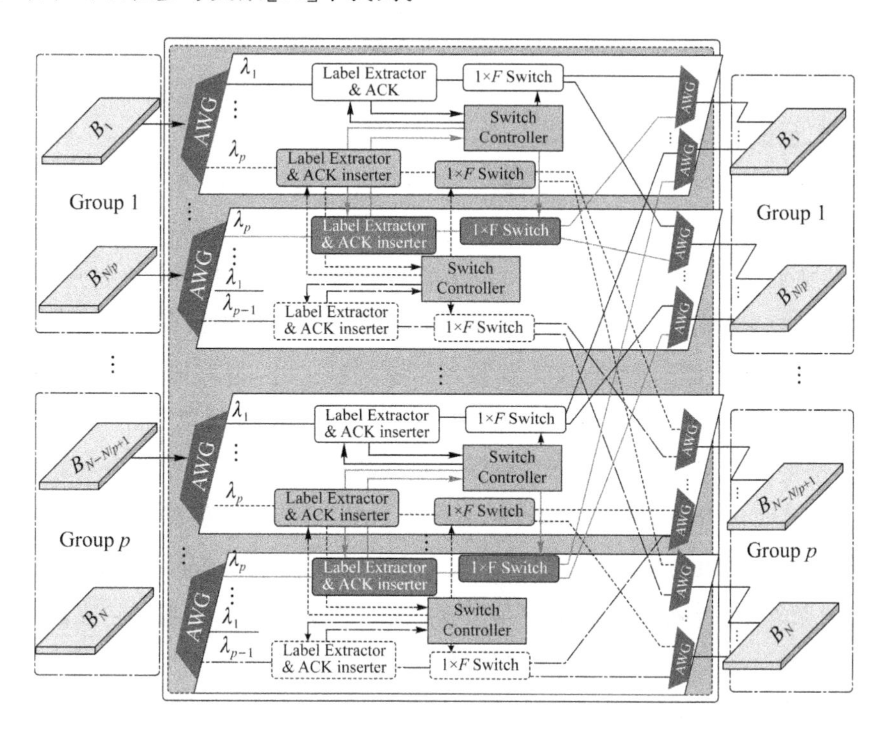

图 6-5 分布式操作模块的 FOS 示意图

当多个数据包到达芯片组时，根据数据包的目的地将其转发到与相应 NIC 关联的缓冲区。在数据包发送到刀片之前，将光标签附加到传输的数据包上，以确定目标刀片。在 FOS 中，如果发生争用，具有较高优先级的光包将被转发到输出端口，而其他光包则会被阻塞。相应的流控制确认被生成并发送回刀片。根据接收到的成功确认(ACK)或不成功确认(NACK)，刀片上的流控制器释放或重新传输缓冲区中存储的数据包。

对于 $HFOS_L$ 网络，我们将时钟分配给整个网络的所有边缘节点(刀片)，以防止部署高成本和高功耗的突发模式 CDR_s[31]。调整本地接收器的时钟频率以匹配接收到的数据包，这样有助于减少整体时钟和数据恢复(CDR)所需的时间。在网络中同步所有收发器(TRX)的时钟频率，确保数据可以使用相同的时钟频率进行编码和解码，从而消除耗时的频率适应过程。一旦网络中所有 ToR_s 具有相同频率的时钟，接收器只需对传入数据的时钟相位进行对齐，该过程可以在几十位(几纳秒)内实现，从而避免了耗时的时钟频率恢复过程[32]。

在我们所提出的 $HFOS_L$ 网络中，标签通道不仅用于传输标签请求和流控制信号(ACK/NACK)以实现快速光交换并避免数据包丢失，还用于统一相同交换机系统中 TRX 的时钟频率。这种解决方案消除了频率恢复过程，从而加快了数据包恢复速度，使该过程可在 40 ns 内完成。

扩展 $HFOS_L$ 网络的方法有两种。第一种方法是保持 L 为常数，并在一个或多个级别中增加光交换机的基数。该方法可以通过在任何级别 i 中将光开关基数扩展两倍来轻松扩展网络。本质上，这是通过扩展子网络 $HFOS_i$ 来扩展 $HFOS_L$ 网络。在第二种方法中，一方面，我们可以选择扩展两个以上级别中的 FOS 基数。选择扩展两个以上级别中的 FOS 基数不需要升级刀片，但需要支付升级网络中 FOS 的成本以扩展规模。另一方面，我们还可以选择添加额外的级别来扩展 $HFOS_L$ 网络。要实现这一点，必须确保有可用的空闲端口供这些新添加的额外级别使用，但这意味着在 $HFOS_L$ 运行中浪费了容量。因此，我们需要考虑刀片上的冗余端口，否则升级网络中所有刀片的成本会很高。通过添加具有基数 R_{L+1} 的光交换机的额外级别，$HFOS_L$ 网络扩展了 R_L 次。在最坏情况下，数据包需要经过更多的跳数才能到达目的地，从而导致更高的延迟。

我们所提出的 $HFOS_L$ 递归 HPC 架构具有多重优势。首先，互联刀片的数量按照 $R_1R_2\cdots R_L$ 的比例扩展。考虑到 FOS 的实际实现，以 16×16 的 FOS 为例，$HFOS_4$ 可以连接 65 536 个刀片(每个刀片具有 32 个核心)。第二，由于 FOS 具备纳秒级的重新配置时间，因此，FOS 支持数据包级别的切换粒度。第三，通过实施快速光流控制来高效解决 FOS 中的数据包争用问题，从而避免了光缓冲器。最后，在 $HFOS_L$ 中，由于 $HFOS_L$ 具备大的连接性，不同 $HFOS_{L-1}$ 中的两个刀片之间的通信路径最多有 $L!$ (L 的阶乘)条，因此，大量的路径可以用于容错和负载平衡。

6.3 $HFOS_L$ 网络的路由算法

对于具有索引 BI($0\leqslant BI<N_B$)的特定刀片，我们可以使用算法 1 获取其所在

子网络 $HFOS_i(1 \leqslant i < L)$ 的索引 g_i。

考虑一对刀片，其中源刀片的索引为 Src，目的地刀片的索引为 Dest。然后，可以使用算法 1 分别获取 Src 和 Dest 的子网络索引向量 $[g_1^{Src}, g_2^{Src}, \cdots, g_{L-1}^{Src}]$ 和 $[g_1^{Dest}, g_2^{Dest}, \cdots, g_{L-1}^{Dest}]$。

Algorithm 1 Calculating the index of $HFOS_i$ subnetwork

Input：BI：Blade index. R_i：Radix of the FOS in subnetwork $HFOS_i$.

Output：$g_i, i \in [1, L-1]$.

1：**for** $l=1; l<L-1; l=l+1$ **do**

$g_l^{BI} = \mathrm{mod}(BI, \prod_{i=1}^{l} R_i)$ ▷ The index of $HFOS_L$

2：**end for**

3：**return** g_i

在算法 2 中，最外层的 for 循环遍历 $L-1$ 个嵌套的 $HFOS_i$ 子网络$(1<i\leqslant L)$。假设源刀片和目的地刀片位于不同的 $HFOS_{i-1}$ 子网络中，它们可以直接由第 i 种类型的 FOS 连接，在这种情况下，路由是通过计算第 i 种类型的 FOS 的索引 FI 来完成的〔$a=\mathrm{mod}(Src, R^{i-1})$〕，或者可以将源刀片连接到目的地刀片所在的 $HFOS_{i-1}$ 子网络中的索引为 Mid 的中间刀片〔$Mid = \mathrm{floor}\left(\frac{dest}{R^{i-1}}\right)R^{i-1} + \mathrm{mod}(Src, R^{i-1})$〕。我们将连接源刀片和中间刀片的第 i 种类型 FOS 添加到路由路径中，因此，路由问题被降级为中间刀片和目的地刀片之间的路由问题。然后，我们重新分配 Src 的值，作为中间刀片的索引。此外，如果源刀片和目的地刀片位于相同的 $HFOS_{i-1}$ 子网络中，那么它们不会通过第 i 种类型的 FOS 连接。因此，我们继续将流程转向更低级别的子网络。对于 $HFOS_L$ 网络，我们有如下定理及推论。

Algorithm 2 Routing algorithm in $HFOS_L$ network

Input：$[g_1^{Src}, g_2^{Src}, \cdots, g_{L-1}^{Src}]$ and $[g_1^{Dest}, g_2^{Dest}, \cdots, g_{L-1}^{Dest}]$.

Output：The routing path Path(Src,Dest).

Initialization：path(Src,Dest) = {Src }.

1：**for** $l=1; l<L-1; l=l+1$ **do**

2： **if** $g_{L-1}^{Src} != g_{L-1}^{Dest}$ **then**

3： $a = \mathrm{mod}(Src, \prod_{i=1}^{l-1} R_i)$； ▷ The index of FOS

4： path(Src,Dest) = path(Src,Dest) + FOS_l^i

5：   **if** $\mathrm{mod}(Src - Dest, \prod_{i=1}^{l-1} R_i) = 0$ **then**

6：   break；▷ The Dest is connected by FOS_a^l

```
7:     else
8:       Mid=floor (dest/∏_{i=1}^{l-1} R_i)+a
9:       path(Src,Dest)=path(Src,Dest)+Mid
10:        Refresh Src=Mid;
11:        Run Algorithm 1 ; ▷ recalculate [g_1^Src, g_2^Src, ⋯, g_{L-1}^Src]
12:     end if
13:    else
14:      Continue; ▷ In the same HFOS_{l-1} subnetwork
15:    end if
16: end for
17: return path(Src,Dest)   ▷ The traversed nodes on the routing path
```

定理 6-1 在 $HFOS_L$ 网络中，当且仅当 $g_l^{Src}!=g_l^{Dest}(\forall l\in[1,L])$时，可以找到一对刀片 Src 和 Dest 的 $L!$ 条不同的最短路径。

证明 我们通过数学归纳法证明定理的充分性。

① 当 L 等于 1 时，定理显然成立，因为刀片 Src 和 Dest 由第一类 FOS 连接。

② 假设在 $L=k$ 时定理成立。也就是说，如果 $g_l^{Src}!=g_l^{Dest}(\forall l\in[1,k])$，则可以在 $HFOS_k$ 中找到一对刀片的 $k!$ 条不同的最短路径。

③ 当 $L=k+1$ 时，我们有 $g_l^{Src}!=g_l^{Dest}(\forall l\in[1,k+1])$。我们可以找到一个具有子网络索引数组$[g_1^{Mid},g_2^{Mid},\cdots,g_{k+1}^{Mid}]$的中间刀片。为了不失一般性，我们假设 $g_1^{Mid}==g_1^{Dest}$，但是 $g_1^{Mid}==g_1^{Src}(\forall i\in[2,k+1])$。也就是说，我们有 $g_i^{Mid}!=g_i^{Src}$ $(\forall i\in[2,k+1])$。因此，根据假设，我们知道刀片 Mid 和 Dest 之间可以找到 $k!$ 条不同的最短路径。但我们发现刀片 Src 和 Mid 之间直接通过 L 种类型的 FOS 连接，从而导致刀片 Src 和 Mid 之间只有一条最短路径。

同样地，我们可以改变$[g_1^{Src},g_2^{Src},\cdots,g_{L-1}^{Src}]$中的第 j 个值$(\forall j\in[2,k+1])$以构造一个新的 Mid_j 刀片。根据假设，Mid_j 和 Dest 之间也可以找到 $k!$ 条不同的最短路径。因此，我们总共有$(k+1)\times k!$ 条不同的最短路径，其中 $g_l^{Src}!=g_l^{Dest}(\forall l\in[1,k])$。

我们通过反证法证明定理的必要性。

我们已经知道，在 $HFOS_L$ 网络中，可以找到一对刀片 Src 和 Dest 的 $L!$ 条不同的最短路径。如果 $\exists j\in[1,L]$，我们有 $g_j^{Src}=g_j^{Dest}$。那么我们立即知道最多可以找到$(L-1)!$ 条不同的最短路径，用于连接刀片 Src 和 Dest。因此，假设不成立，必要性得证。

基于定理 6-1，我们可以得出以下两个推论。

推论 6-1 如果在$[g_1^{\mathrm{Src}}, g_2^{\mathrm{Src}}, \cdots, g_L^{\mathrm{Src}}]$和$[g_1^{\mathrm{Dest}}, g_2^{\mathrm{Dest}}, \cdots, g_L^{\mathrm{Dest}}]$之间共有 m 个具有不同值的位置，那么在 HFOS_L 网络中，一对刀片 Src 和 Dest 之间将有 $m!$ 条不同的最短路径。

推论 6-2 如果在$[g_1^{\mathrm{Src}}, g_2^{\mathrm{Src}}, \cdots, g_L^{\mathrm{Src}}]$和$[g_1^{\mathrm{Dest}}, g_2^{\mathrm{Dest}}, \cdots, g_L^{\mathrm{Dest}}]$之间共有 m 个具有不同值的位置，那么在 HFOS_L 网络中，一对刀片 Src 和 Dest 之间最多会有 L 条不同的不相交最短路径。

推论 6-1 成立，因为源刀片不经过第 i 类 FOS，而是经过其中满足 $g_i^{\mathrm{Src}} = g_i^{\mathrm{Dest}}$ 的 $L-m$ 个位置。路径只包括具有不同值的其余 m 个位置对应的 FOS。

6.4 网络性能调查

为了调查 HFOS_L 的网络性能，我们在 OMNeT++ 中构建了光学 HFOS_1、HFOS_2 和 HFOS_4 以及电气 Fat-tree 网络的模拟器[33]。将 HFOS_1 网络视为理想的光学网络，因为它实现了最佳的网络性能，具有扁平的互联架构。

6.4.1 真实 HPC 应用的流量模式

如表 6-2 所示，共轭梯度(CG)HPC 应用包括生物信息学和天气预报。CG 应用能够实现对复杂的线性系统进行数值求解。Sentinel 应用代理(SNAP)HPC 应用非常适合地球观测处理和分析，因为它具有以下技术创新：可扩展性、可移植性、模块化、丰富的客户端平台、通用的 EO 数据抽象、分块内存管理，以及图形处理框架[34]。微型分子动力学(MINI-MD)应用是分子动力学(MD)应用 LAMMPS[35]的缩小版本。MINI-MD 允许用户指定问题规模、原子密度、温度、时间步长大小、执行的时间步数，以及粒子相互作用的截止距离。但与 LAMMPS 相比，MINI-MD 的功能相对有限，目前仅支持一种类型的对偶相互作用，即 Lennard-Jones。多指令格点计算(MILC)应用是一组高性能研究软件，目前可以在多种不同的并行计算机上使用[36]。在标量模式下，它可以在各种工作站上运行，因此，非常适合生产和探索性应用。

表 6-2　HPC 应用程序说明

应用名称	进程发送数据量/KB	问题规模	应用描述
CG	16(20 461.6)	14000	conjugate gradient,irregular memory access
SNAP	16(589.8)	256×256×256	for earth observation processing and analysis
MILC	16(8 640)	8×8×8×8	4D-SU3 lattice gauge computations
MINI-MD	16(6 974.3)	32×32×32	molecular dynamics application LAMMPS

上述所有应用程序都是基于消息传递接口(MPI)的应用程序,它们都在 MareNostrum 超级计算机上运行,以便获取其执行跟踪[37]。MareNostrum 的节点由两个 Intel SandyBridge-EP E5-2670/1600 20M 8-core 处理器组成,主频为 2.6 GHz,配备 32 GB 的 DDR3-1600 内存模块。所有应用程序在 16 个进程上运行,每个服务器只分配一个应用程序进程。在仿真中,我们使用来自这 4 个 HPC 应用程序(CG、SNAP、MILC 和 MINI-MD)的流量来调查 $HFOS_L$ 网络性能[38],如图 6-6 所示。

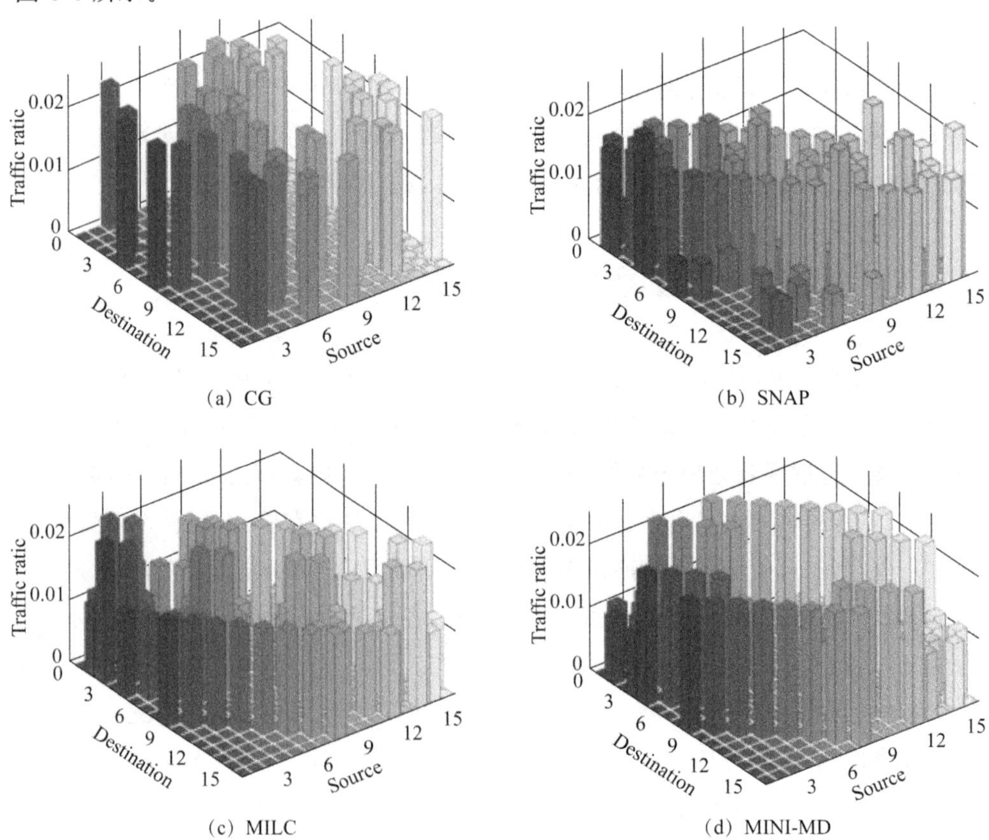

(a) CG　(b) SNAP

(c) MILC　(d) MINI-MD

图 6-6　4 个 HPC 应用程序的归一化通信流量矩阵的空间分布

这 4 个 HPC 应用程序都有 16 个进程，我们将这 16 个进程映射到 HPC 网络中的 16 个核心。考虑到大量的 HPC 流量集中在性能强大的刀片上，故我们只选择一个刀片中的 8 个核心，将一个应用程序的 8 个进程分配给这 8 个核心。而该应用程序的其余 6 个和 2 个进程则分别映射到相同机架和不同机架中的刀片核心。核心分为两类，包括具有映射进程的繁忙核心和不具有映射进程的空闲核心。繁忙核心的比例设置为 ρ。

应用程序跟踪是由这 4 个 HPC 应用程序的通信模式给出的特定分布。我们在图 6-6 中呈现了这 4 个应用程序的空间分布，每个处理器最多与其他 4 个处理器通信。在模拟中，我们通过一个过程将应用程序进程映射到刀片核心。我们对 HPC 网络的所有核心进行索引，为了分配 1 个应用程序的 16 个进程，我们首先选择 16 个核心，将这 16 个进程分配到这 16 个核心。然后，我们选择一个特定刀片中的 8 个核心，选择相同机架中的刀片上的 6 个核心，选择不同机架中的刀片上的 2 个核心。最后，我们为该应用程序重新对这 16 个核心进行从 1 到 16 的重新索引，将该应用程序的第 i 个进程映射到第 i 个核心。

6.4.2 在真实 HPC 应用中的网络性能

为了优化网络性能，Yan 等在 HPC FOSquare 网络中研究了应用程序进程和服务器核心之间的映射算法[69]。考虑到同步数据并行训练的典型数据传输是长期存在且很少更改的，Nguyen 等采用了用于大规模分布式深度学习培训的混合电气/光学交换机架构[70]。基于光学链路调度优化，Shao 等为超级计算机提出了一种新的光电混合软件定义网络加速器(sDNA)[71]。Shen 等在物理测试床上提出了一种由硅光开关启用的动态带宽转向，以加速应用程序执行[72]。Zhu 等提出了使用 SiP 开关的可重构 HPC 系统架构，以加速分布式深度学习培训工作负载，利用硅光开关，实现了服务器重新分组和带宽转向的优化目标[73]。

根据 6.3 节中提出的路由算法，我们知道在 $HFOS_L$ 网络中任何通信节点对之间的最大 FOS 跳数为 L。根据通信节点对之间的通信跳数，我们可以将通信模式分为各种类别。然后，我们得到如下定理。

定理 6-2 对于 $HFOS_L$ 网络中索引为 Src 的刀片，其中 $R_1=R_2=\cdots=R_L=R$，与刀片 Src 通信的具有 i 个通信 FOS 跳数的刀片数量为 $\frac{(L-1)!}{(L-1-i)!\,i!}(R-1)^i$

$(1 \leqslant i \leqslant L-1)$。

证明 对于索引为 Src 的刀片，我们可以得到子网络索引向量$[g_1^{\mathrm{Src}}, g_2^{\mathrm{Src}}, \cdots, g_{L-1}^{\mathrm{Src}}]$。对于与刀片 Src 具有 i 个通信 FOS 跳数的刀片，我们可以随机选择$[g_1^{\mathrm{Src}}, g_2^{\mathrm{Src}}, \cdots, g_{L-1}^{\mathrm{Src}}]$中的 i 个位置，并通过改变这些位置的值到其他 $R-1$ 个值来构建刀片。因此，刀片总数为 $C_{L-1}^{i}(R-1)^i$。

将具有 i 个 FOS 跳数的流量的比例和平均延迟分别表示为 p_i 和 D_i。如果流量均匀分布，可以使用以下方程计算 p_i：

$$p_i = \frac{(L-1)!}{(L-1-i)!\,i!}\left(\frac{R-1}{R}\right)^i \frac{1}{R^{L+1-i}} \tag{6.1}$$

因此，HFOS_L 网络中的平均网络延迟 D 可以使用以下方程计算：

$$D = \sum_{i=0}^{L} p_i \times D_i \tag{6.2}$$

来自核心的流量首先由芯片组处理，并分成长度为 1 500 B 的单元格。一个数据包占用的单元格数 N_{cell} 可以通过以下公式计算：

$$N_{\mathrm{cell}} = \mathrm{ceil}\left(\frac{L_{\mathrm{packet}}}{1\,500}\right) \tag{6.3}$$

其中，L_{packet} 是数据包的长度，ceil 函数返回大于等于给定数的最小整数值。这些单元格根据目标刀片被转发到相应的 TRX 缓冲区，刀片中的交换单元和单元格缓冲的延迟分别为 80 ns 和 240 ns[28]。五个具有相同目标的单元格(7 500 B)被聚合成一个光学数据包。

我们研究了支持 256 个刀片和 8 192 个核心的 HFOS_L 网络的性能。对于给定的流量模式，显然有 $p_0=0.5$。在 HFOS_2 网络中，由于$\frac{1}{R}$的机架间通信节点对通过第二类 FOS 直接连接，故 $p_1=\frac{3R+1}{8R}$。根据公式(6.1)，表 6-3 显示了不同尺寸的 HFOS_2 和 HFOS_4 网络的 $p_i(0 \leqslant i \leqslant 4)$值。不同规模的 HFOS_L 网络的 p_i 值如表 6-3 所示。

表 6-3 HFOS_L 网络中各种通信 FOS 跳数的比例

网络	p_0	p_1	p_2	p_3	p_4
HFOS_2(256 刀片)	0.5	0.383	0.117	—	—
HFOS_4(256 刀片)	0.5	0.379	0.027	0.054	0.04

在这个设置中，每个刀片有 32 个核心，聚合带宽为 1.6 Tbit/s，总共有 8 个 TRX_s（$e_1=4$，$e_2=2$，$e_3=e_4=1$）。刀片与第一类 FOS 之间的链路距离为 5 m（机架内），而刀片与其他三类 FOS 之间的链路距离（机架间）都设置为 80 m，用于连接 256 个刀片的 $HFOS_L$ 网络。

我们通过在刀片中设置相同数量的 8 个光发射器，公平地比较了 3 层 Fat-Tree 和 $HFOS_L$ 的性能[44]。我们将 Fat-Tree 电气交换机的延迟设置为 800 ns[45]，并将用于访问、聚合和核心层的电气交换机的缓冲区大小均设置为 90 KB。为了支持 250 个刀片，我们将 Fat-Tree 电气交换机的基数设置为 10。然而，每个刀片有 8 个收发器，每个接入层交换机连接 5 个刀片，因此，共产生 40 个交换机端口。此外，4 个上行端口被绑定在一起形成一个逻辑端口。因此，接入层的真实基数为 60，聚合和核心层交换机的基数为 40。

应用程序跟踪是明确的，即长度、传输时间戳和目的地都是固定的。也就是说，每个应用程序跟踪中的 16 个进程的负载是固定的。如图 6-7 所示，我们展示了在 50 Gbit/s 的链路带宽下四个 HPC 应用程序的进程负载，可以发现 CG、SNAP 和 MINI-MD 应用程序的负载都小于 0.1，MILC 应用程序的进程负载为 0.15。应用程序跟踪被映射到刀片的核心上，在网络资源利用率被设置为 ρ 的情况下，具有比例 ρ 的网络核心会生成数据包。当网络资源利用率为 1 时，所有核心都映射了应用程序跟踪并生成了数据包。在这种情况下，平均网络负载约为 0.15。我们在仿真中没有观察到数据包丢失。

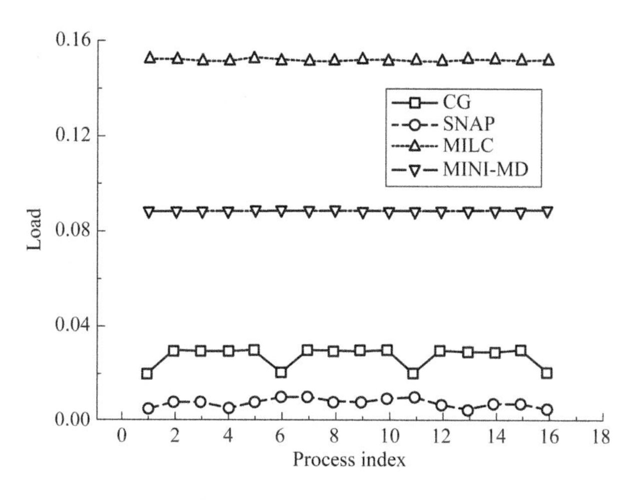

图 6-7 四个高性能计算应用程序的所有进程负载

图 6-8 比较了电气 Fat-Tree 和光学 $HFOS_L$ 网络在不同 HPC 应用程序下的平均网络延迟。对于 CG 和 MINI-MD 应用程序，当 ρ 达到 1 时，$HFOS_4$ 网络的平均延迟分别为 33.1 μs 和 144.2 μs，这是因为 CG 和 MINI-MD 应用程序中的最大数据包长度分别为 28 000 B 和 73 008 B。而对于 SNAP 和 MILC 应用程序，$HFOS_4$ 网络的平均延迟分别为 2.2 μs 和 6.4 μs。

由于 Fat-Tree 网络存在缓冲和复杂的管道，导致其具有较大的延迟，而 $HFOS_L$ 网络的延迟则相对较小。由于 $HFOS_1$ 网络采用了理想的平坦互联结构，故其延迟最低。结果表明，因为增强的连接性降低了网络的争用，所以 $HFOS_4$ 的网络性能优于 $HFOS_2$。如图 6-8 所示，流量跟踪的分布对性能产生了很大的影响。

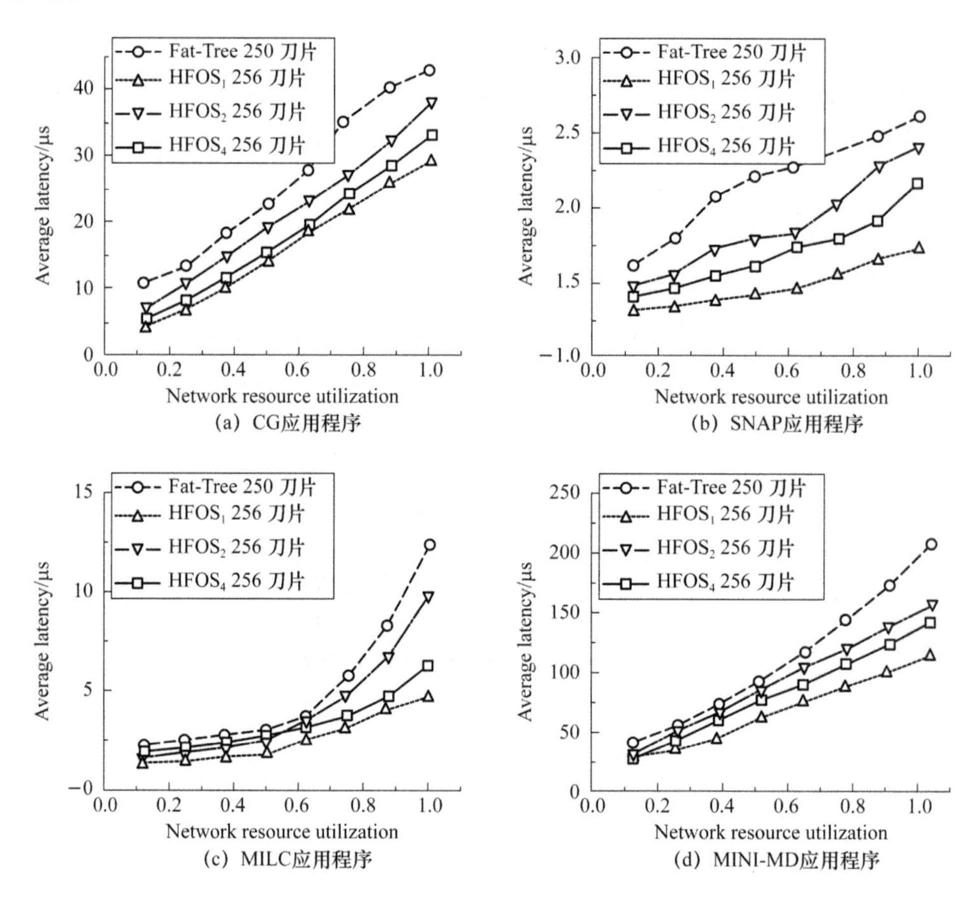

图 6-8 不同 ρ 值下的四个应用程序在 Fat-Tree 和 $HFOS_L$ 网络中的平均延迟比较

6.4.3 合成流量模式下的网络性能

除了在真实 HPC 应用程序跟踪下的研究，我们还对合成 HPC 通信模式的广播、聚合和洗牌流量的 $HFOS_L$ 网络进行了仿真。我们首先介绍这些合成 HPC 通信模式的流量特性。与真实 HPC 应用程序类似，合成 HPC 通信模式也有 16 个进程。如图 6-9(a)所示，在广播模式中，1 个进程向 7 个进程发送数据包，在每组 16 个进程中有两组这样的模式。相反，如图 6-9(b)所示，在聚合模式中，7 个进程向 1 个进程发送数据包。如图 6-9(c)所示，在洗牌模式中，4 个进程与其他 4 个进程进行通信，在每组 16 个进程中有两组这样的模式。

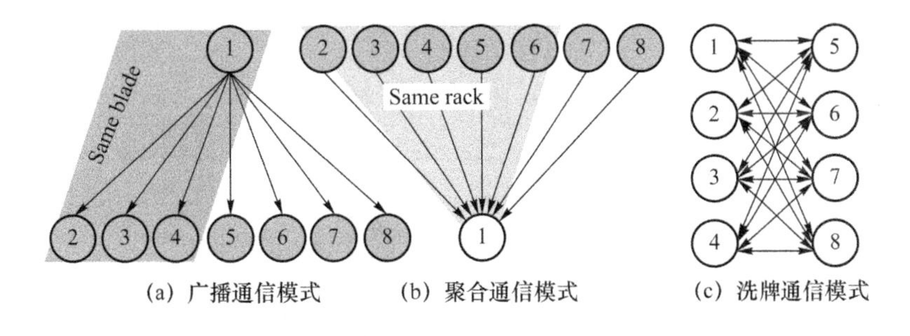

图 6-9 各种通信模式

对于每种流量模式，我们还将一组 16 个进程映射到一组 16 个刀片核心上。一组 16 个核心的分类与真实的 HPC 应用程序映射过程相同。我们选择一个刀片中的 8 个核心，然后在相同机架和不同机架的刀片中选择 6 个和 2 个核心分别进行映射。在仿真中，数据包长度的累积分布函数如图 6-10 所示。为了确保进程的规范化负载不超过 1，我们选择了合成 HPC 模式的 CG 传输时间。

图 6-11 显示了在不同网络资源利用率比率下，广播、聚合和洗牌 HPC 通信模式的 $HFOS_L$ 网络的平均网络延迟。结果与真实 HPC 应用程序的结果类似。随着 ρ 的增加，所有通信模式的平均延迟都会增加。当 ρ 达到 1 时，广播、聚合和洗牌通信模式的 $HFOS_4$ 网络的平均延迟分别为 25.2 μs、56.6 μs 和 76.2 μs。由于洗牌通信模式具有相对高的网络负载，因此，会经历较大的平均延迟。这些结果验证了 $HFOS_L$ 网络可以支持各种通信模式。

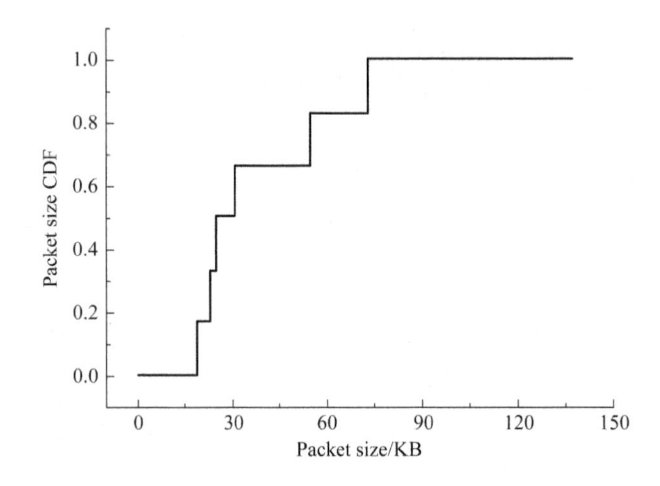

图 6-10　合成的高性能计算通信模式数据包大小的累积分布函数

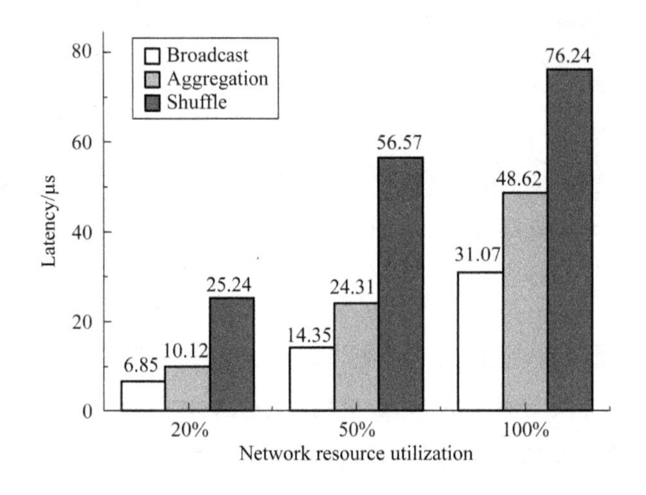

图 6-11　在不同网络资源利用率下的广播、聚合和洗牌通信模式的平均延迟

6.5　功耗和成本的建模与优化

随着光交换技术的发展，FOS 的功耗和成本，以及光学组件的成本可能会降低。因此，我们对 FOS 中各模块的功耗和成本进行参数化。光交换功能通过在磷化铟(InP)芯片上集成来实现光子学。根据 JePPIX 路线图报告的 FOS 成本，当 FOS 基数 R_i 增加两倍时，FOS 芯片的成本将增加四倍，即 FOS 芯片的成本可以表

示为 $a_1R_i^2$。根据图 6-5 中所示的 FOS 构建模块，我们可以知道构建 $R_i \times R_i$ FOS 需要 R_i^2 个 SOA 驱动器和 b_1R_i 个标签处理器，每个端口提供 b_1 个波长通道。

SOA_s 的温度控制单元（TEC）的成本表示为 c_2。通过将 FPGA 控制器（c_1）、SOA 驱动器（a_2）、标签处理器（b_2）和温度控制单元（c_2）组合在一起，我们可以得到 $R_i \times R_i$FOS 的成本 C_{R_i}，如式（6.4）所示，成本的单位均为美元。

$$C_{R_i} = (a_1 + a_2)R_i^2 + b_1b_2R_i + c_1 + c_2 \tag{6.4}$$

因此，$HFOS_L$ 的成本可以根据式（6.5）计算：

$$C_{HFOS_L} = \sum_{i=1}^{L}(n_iC_{R_i}) + N_BC_{TRX}\sum_{i=1}^{L}c_i + \sum_{i=1}^{L}(n_iR_i)C_{SMF} \tag{6.5}$$

其中 C_{SMF} 和 C_{TRX} 分别是单模光纤（SMF）和 TRX 的成本。

我们通过离散组件计算了每个端口上带有 b_1 个波长通道的 FOS 的功耗。对于 FOS 中的功耗贡献模块，我们假设 FPGA 板、标签处理器板和 SOA 驱动器的功耗分别为 c_3、b_3R_i 和 $a_3R_i^2$。用 c_4 表示 SOA 的温度控制单元的功耗。刀片上实现的 ACK 标识符（$b_3b_4R_i$）、标签生成器（$b_1b_5R_i$）和激光驱动器（$b_1b_6R_i$）的功耗也包括在 FOS 功耗的计算中。将基数为 R_i 的 FOS 的功耗表示为 P_{R_i}，如式（6.6）所示，功耗的单位均为 W。

$$P_{R_i} = a_3R_i^2 + (b_3 + b_1(b_4 + b_5 + b_6))R_i + c_3 + c_4 \tag{6.6}$$

同样，$HFOS_L$ 的功耗可以根据式（6.7）计算：

$$P_{HFOS_L} = \sum_{i=1}^{L}(n_iP_{R_i}) + N_BP_{TRX}\sum_{i=1}^{L}c_i \tag{6.7}$$

其中 P_B 和 P_{TRX} 分别是刀片和 TRX 的功耗。

考虑一个连接 N_B 个刀片的 $HFOS_L$ 网络，具有 L 个并行子网络（$L \geqslant 2$）。第 l 级的 FOS_{es} 数量被表示为 n_l。为了支持每个级别中的完整的互联并行子网络，即所有刀片都通过每个级别中的 FOS_{es} 进行完全连接，必须满足公式（6.8）。

$$n_iR_i = N_B, \quad i \in [1, L] \tag{6.8}$$

从 $HFOS_L$ 网络的递归构建特性来看，$HFOS_L$ 网络的第 L 级 FOS 连接 R_L $HFOS_{L-1}$ 子网络。而在 $HFOS_{L-1}$ 子网络中的 $L-1$ 级 FOS 连接 R_{L-1} $HFOS_{L-2}$ 子网络，依此类推。因此，我们基于式（6.9）来构建完全递归的 $HFOS_L$ 网络。

$$\prod_{i=1}^{L}R_i = N_B \tag{6.9}$$

6.5.1 固定级别 L 的 FOS 基数优化

根据 6.3 节中的式(6.5)和式(6.7)，我们发现 $HFOS_L$ 网络中的刀片、TRX 和光纤的功耗和成本不会随 FOS 基数的变化而变化。事实上，$HFOS_L$ 网络的功耗和成本优化问题被降级为最小化 $HFOS_L$ 网络中 FOS 的总功耗和成本。

式(6.4)和式(6.6)都是关于 R_i 的二次函数。为不失一般性，我们选择基于式(6.4)来优化 FOS 的成本。我们知道 $a_1+a_2>0, b_1b_2>0, c_1+c_2>0$，因为 FOS 模块的成本和功耗都是正值。

定义 $g(R_i)=\frac{C_{R_i}}{R_i}$。然后我们可以使用式(6.10)计算 FOS 的总成本：

$$\sum_{i=1}^{L}(n_i C_{R_i}) = N_B \sum_{i=1}^{L} g(R_i) \tag{6.10}$$

因此，在 $\sum_{i=1}^{L} g(R_i)$ 的约束下，$HFOS_L$ 总成本优化问题等同于最小化这个和的问题。

该表达式受到式(6.9)约束的限制。在本节后续部分，我们将证明 $g(R_i)$ 是一个凸函数，然后讨论优化问题。根据假设，我们可以计算出 $g(R_i)$ 的二阶导数，如式(6.11)所示：

$$g''(R_i)=\frac{2(c_1+c_2)}{R_i^3} \tag{6.11}$$

易得 $g''(R_i)>0$。也就是说，$g(R_i)$ 在区间 $(0,+\infty)$ 内是一个凸函数。根据 Jensen 不等式，我们得到以下不等式：

$$\frac{g(R_1)+g(R_2)+\cdots+g(R_L)}{L} \geqslant g\left(\frac{R_1+R_2+\cdots+R_L}{L}\right) \tag{6.12}$$

因此，$\sum_{i=1}^{L} g(R_i)$ 只有在 $R_1=R_2=\cdots=R_L=\sqrt[L]{N_B}$ 时才能达到最小值。

6.5.2 网络级别 L 的优化

根据式(6.12)得出的结论可知，只有当所有级别中的 FOS 基数等于 $\sqrt[L]{N_B}$ 时，$HFOS_L$ 才能得到最小成本。式(6.5)中的 $HFOS_L$ 成本可以用式(6.13)重写为以下形式：

$$C_{\mathrm{HFOS}_l} = \frac{N_{\mathrm{B}} C_R}{R} l + N_{\mathrm{B}} C_{\mathrm{TRX}} \sum_{i=1}^{l} e_i + N_{\mathrm{B}} C_{\mathrm{SMF}} l \tag{6.13}$$

因为子网络 HFOS_{L-1}之间的流量有限,所以第 l 级的 TRX 数量为 1。将 $l+\upsilon$ 表示为 HFOS_{L-1}网络中采用的总 TRX 数量,其中 υ 是一个常数。通过将式(6.4)代入式(6.13),我们得到以下方程:

$$C_{\mathrm{HFOS}_l} = N_{\mathrm{B}}(a_1+a_2)Rl + (b_1 b_2 + C_{\mathrm{TRX}} + C_{\mathrm{SMF}}) N_{\mathrm{B}} l + N_{\mathrm{B}} \frac{c_1+c_2}{R} l + (N_{\mathrm{B}} C_{\mathrm{TRX}} \upsilon) \tag{6.14}$$

将常数 $N_{\mathrm{B}}a$、$N_{\mathrm{B}}b+N_{\mathrm{B}}C_{\mathrm{TRX}}+N_{\mathrm{B}}C_{\mathrm{SMF}}$、$N_{\mathrm{B}}c$、$N_{\mathrm{B}}C_{\mathrm{TRX}}\upsilon$ 分别表示为 u_1、u_2、u_3、u_4。然后,我们可以得到 C_{HFOS_L} 相对于级别 l 的导数,如式(6.15)所示。

$$\frac{\mathrm{d}C_{\mathrm{HFOS}_l}}{\mathrm{d}l} = \frac{\mathrm{d}\left(u_1 Rl + u_2 l + u_3 \dfrac{l}{R} + u_4\right)}{\mathrm{d}l} = \frac{u_3}{R} + u_3 \frac{\ln N_{\mathrm{B}}}{Rl} - u_1 R\left(\frac{\ln N_{\mathrm{B}}}{l^2} - 1\right) + u_2 \tag{6.15}$$

在式(6.15)中,易知第一项$\frac{u_3}{R}$随着 l 的增加而增加。考虑到第二项 $u_3 \frac{\ln N_{\mathrm{B}}}{Rl}$,由于 $R>\mathrm{e}$(e 是自然常数),故 Rl 的导数为$-R\left(\frac{\ln N_{\mathrm{B}}}{l}-1\right)<0$,即第二项也是相对于 l 的增函数。此外,我们发现在第三项$-u_1 R\left(\frac{\ln N_{\mathrm{B}}}{l^2}-1\right)$中,因为 R 和$\frac{1}{l^2}$都是相对于 l 的减函数,所以第三项随着 l 的增加而增加。总之,$\frac{\mathrm{d}C_{\mathrm{HFOS}_L}}{\mathrm{d}l}$是相对于 l 的增函数。

当 $l=1$ 时,$\frac{\mathrm{d}C_{\mathrm{HFOS}_L}}{\mathrm{d}l} = c + \left(\frac{C\ln N_{\mathrm{B}}}{N_{\mathrm{B}}} + N_{\mathrm{B}}(b + C_{\mathrm{TRX}} + C_{\mathrm{SMF}}\right) - N_{\mathrm{B}}^2 a(\ln N_{\mathrm{B}} - 1)$。显然,当 N_{B} 足够大时,$\frac{\mathrm{d}C_{\mathrm{HFOS}_L}}{\mathrm{d}l}$的值为负,因为其值由最后一项$-N_{\mathrm{B}}^2 a(\ln N_{\mathrm{B}}-1)$主导。$-N_{\mathrm{B}}^2 a(\ln N_{\mathrm{B}}-1)$是 $N_{\mathrm{B}}^2 \ln N_{\mathrm{B}}$ 的函数,其增长速度比 N_{B} 和$\frac{N_{\mathrm{B}}}{\ln N_{\mathrm{B}}}$都要快。在这种情况下,$C_{\mathrm{HFOS}_L}$ 的值随着级别 l 的增加而减小,直到达到特定级别 l_0,使$\frac{\mathrm{d}C_{\mathrm{HFOS}_L}}{\mathrm{d}l}$的值为非负。当 $l=l_0$ 时,C_{HFOS_L} 达到最小值。

6.6 功耗和成本比较

本文分析了光学 HFOS_L HPC 网络($L\leqslant 4$)的成本和功耗,并与电 Leaf-Spine[19] 和

Fat-Tree HPC 网络进行了比较。Leaf-Spine 是 HPC 网络中采用的最广泛的拓扑结构，用于实现高对分带宽，而 Fat-Tree 是 Summit 超级计算机[47]采用的体系结构。

根据 6.5 节得出的结论，要构建一个 $HFOS_L$ HPC 网络，应在 $HFOS_L$ 网络的所有级别中采用相同的基数的 FOS。在比较中，我们仅考虑了 HPC 网络互联组件的成本和功耗，因为在光学和电气 HPC 网络中，刀片的贡献度几乎相同。表 6-4 包含了各种网络组件的成本和功耗，包括 FOS、TRX 和 ES。FOS 的成本通过分解所有贡献来计算，其中包括 InP 切换芯片、FPGA 控制器(300)、标签处理器(20)和 SOA 驱动器(5)，其中成本单位均为美元。根据 JePPIX 路线图，一个 InP 芯片的成本为 10 美元/mm^2，体积为最多 100 000 mm^2[28]。电交换机的成本是根据大量采购的价格进行计算的，采购数量大于等于 10 000。单模光纤(SMF)和多模光纤(MMF)的成本分别为 0.3 美元/m 和 0.9 美元/m。如表 6-4 所示，100 Gbit/s 的多模式收发器(MT)和单模式收发器(ST)的成本分别为 30 美元和 100 美元。

表 6-4　组件成本和功耗

组件		端口数/带宽	成本/美元	功耗/W
收发器(TRX)	多模收发器(MT)	100 Gbit/s	30	4
	单模收发器(ST)	100 Gbit/s	100	4.5
电交换机(FES)		3.2 Tbit/s	800	470
		12.8 Tbit/s	6 400	1 800
		25.6 Tbit/s	19 200	2 400
快速光交换机(FOS)		8×8	1 760	9 441
		16×16	4 860	985
		32×32	15 980	2 457
		64×64	57 900	6 937

注：MT 为多模光收发模块，ST 为单模光收发模块[28,48]。

假设 Leaf-Spine 中 Leaf 交换机和 Spine 交换机的基数都为 R，则 Leaf 交换机、Spine 交换机和支持的刀片数量分别为 R、$\frac{R}{2}$ 和 $\frac{R^2}{2}$。将 Leaf-Spine 网络的成本和功耗分别表示为 $C_{\text{LeafSpine}}$ 和 $P_{\text{LeafSpine}}$。然后，我们通过式(6.16)和式(6.17)来计算 $C_{\text{LeafSpine}}$ 和 $P_{\text{LeafSpine}}$。

$$C_{\text{LeafSpine}} = 3RC_{\text{ES}}/2 + R^2 C_{\text{SMF}}/2 + R^2 C_{\text{MMF}}/2 + R^2 C_{\text{ST}} + R^2 C_{\text{MT}} \tag{6.16}$$

$$P_{\text{LeafSpine}}=3RP_{\text{ES}}/2+R^2P_{\text{ST}}+R^2P_{\text{MT}} \tag{6.17}$$

其中 C_{ES} 和 P_{ES} 分别是交换机的成本和功耗。Fat-Tree 通过采用基数为 R 的 $5R^2/4$ 个 ES_{es} 支持 $R^3/4$ 个刀片[44]。式(6.18)和式(6.19)分别用于计算 C_{FatTree} 和 P_{FatTree}。

$$C_{\text{FatTree}}=5R^2C_{\text{ES}}/4+R^3C_{\text{SMF}}/4+R^3C_{\text{MMF}}/2+R^3C_{\text{ST}}/2+R^3C_{\text{MT}} \tag{6.18}$$

$$P_{\text{FatTree}}=5R^2P_{\text{ES}}/4+R^3P_{\text{ST}}/2+R^3P_{\text{MT}} \tag{6.19}$$

我们应该注意，Leaf-Spine 和 Fat-Tree 网络中的刀片在以下两个方面与 HFOS_L 网络的刀片不同。首先，在 Leaf-Spine 和 Fat-Tree 中的刀片不需要交换单元来将流量分类通过不同类型的 FOS 连接的 NIC_s。其次，HFOS_L 网络中有一个流量控制模块，用于解决由于 FOS_{es} 争用而导致的数据包重传。当级别 $L\leqslant4$ 时，HFOS_L 网络已经具有卓越的可扩展性，因此，HFOS_L 网络中刀片的交换单元和流量控制器可以在不添加额外硬件资源的情况下实施。此外，HFOS_L 网络实现了可以与 Leaf-Spine 网络中实现的全切分带宽相媲美的性能。

图 6-12 比较了 HFOS_L 和 Leaf-Spine，以及 Fat-Tree 网络之间的成本。可以清晰地看到，由于光收发器(TRX_s)的数量大幅降低，HFOS_L 在成本效益上明显优于 Leaf-Spine。此外，HFOS_4 的成本低于 HFOS_2，因为 HFOS_4 采用低基数的 FOS。当 FOS 端口数量扩大两倍时，FOS 的成本大约增加四倍。为了支持具有 4 096个刀片的 HPC 网络，相较于 Leaf-Spine 和 HFOS_2，HFOS_4 分别可以节省 62.2%和 32.5%的成本。

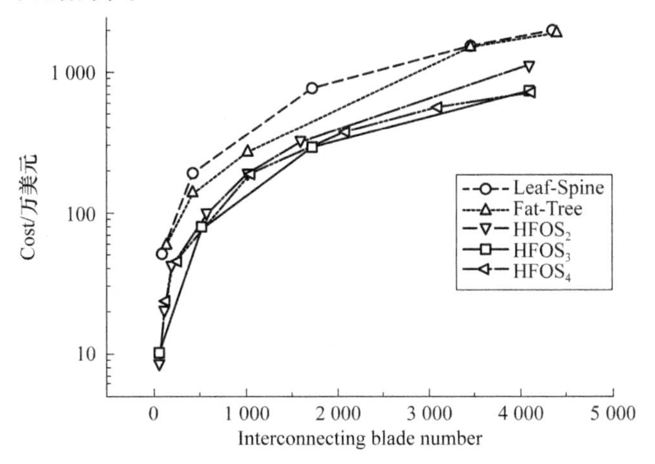

图 6-12 Fat-Tree、Leaf-Spine 和 HFOS_L 网络($L\leqslant4$)的成本比较

图 6-13 显示了功耗结果。$HFOS_4$ 的功耗比 Leaf-Spine 网络低 61.7%。与成本结果不同，$HFOS_4$ 的功耗大于 $HFOS_3$，因为 $HFOS_4$ 采用的低基数 FOS 数量几乎是 $HFOS_3$ 的 3 倍。而 FOS 的功耗几乎是与端口数量呈线性关系的。

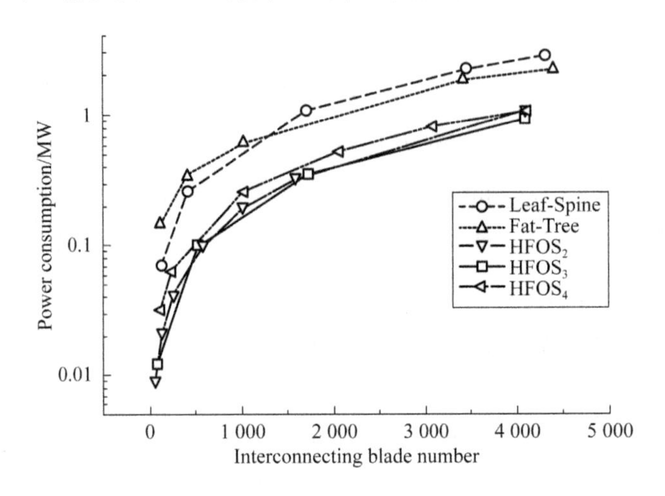

图 6-13　Fat-Tree、Leaf-Spine 和 $HFOS_L$ 网络($L \leqslant 4$)的功耗比较

本章小结

本章提出了一种可扩展的 HPC 网络架构 $HFOS_L$，该网络基于采用分布式低基数的 FOS_{es}的多个并行互联子网络。本章详细描述了刀片、FOS 以及 $HFOS_L$ 网络的运作方式。采用基数为 16 的低基数 FOS，$HFOS_4$ 能够支持拥有 65 536 个刀片的极大规模的 HPC 网络。通过递归解决子网络 $HFOS_{L-1}$ 的路由，从而提出 $HFOS_L$ 网络的路由算法。基于路由算法，我们将 $HFOS_L$ 网络的通信模式划分为不同类别，并定量评估了 $HFOS_L$ 网络的性能。对于 CG 和 MINI-MD 应用，当 ρ 达到 1 时，$HFOS_4$ 网络的平均延迟分别为 33.1 μs 和 144.2 μs。而对于 SNAP 和 MILC 应用，$HFOS_4$ 网络的平均延迟分别为 2.2 μs 和 6.4 μs。考虑到缓冲和复杂管道引起的大延迟，与 $HFOS_L$ 网络相比，Fat-Tree 网络的延迟较大。而由于理想的平面互联，故 $HFOS_1$ 网络的延迟最低。结果表明，由于增强的连接性减少了网络的争用，因此，$HFOS_4$ 的网络性能优于 $HFOS_2$。流量迹线的分布对 $HFOS_L$ 网络的性能有很大影响，当 ρ 达到 1 时，对于广播、聚合和洗牌通信模式，$HFOS_4$ 网

络的平均延迟分别为 25.2 μs、56.6 μs 和 76.2 μs。我们在理论上研究了 $HFOS_L$ 网络的功耗和成本优化问题。根据对 FOS 的功耗和成本函数进行分析得知它们都是凸函数。基于这个基础，在理论上，当且仅当所有级别的 FOS 基数相等时，$HFOS_L$ 网络才能实现最低的功耗和成本。关于 $HFOS_L$ 和 Leaf-Spine 的成本和功耗，比较结果显示，相较于 Leaf-Spine，$HFOS_4$ 可以节省 62.2%的成本和 61.7%的功耗。

第7章
OPSquare 数据中心网络负载均衡算法

7.1 引　言

为了支持下一代数据中心网络(Data Center Network，DCN)所需的大的可扩展性和大带宽，人们提出了采用光交换机的DCN架构。作为基于光电路交换(Optical Circuit Switch，OCS)的架构先驱，C-Through通过在传统的三层树型DCN中部署OCS来解决带宽瓶颈[3]。OCS连接所有机架顶部交换机(Top of Racks，ToR)，这有利于实现流量监控系统，通过对OCS进行重新配置以满足繁忙流量的要求。与C-Through类似，Helios是基于OCS的模块化数据中心(DCS)架构[4]。Helios基于典型的二层树型DCN，采用波分复用(Wavelength Division Multiplex，WDM)技术。在Lightness中，来自服务器的集群内流量由ToR分组，并根据流量模式映射到OCS或快速光交换机(Fast Optical Switch，FOS)[9]。基于OCS的DCN体系结构的主要缺点是OCS重新配置时间导致的大延迟。

另外，近年来提出了一些基于FOS的DCN架构。在这些DCN架构中，基于FOS的OPSquare DCN架构由两个并行的簇内和簇间子网组成，其扩展性是FOS端口数的二次方，同时提供了良好的网络性能，并能够获得低成本和低功耗[15]。HiFOST通过去除OPSquare中的一层FOS，进一步降低了网络的成本和功耗[42]。在FOScube中，通过增加一层FOS实现大的可扩展性，因此，可以使用8×8 FOS构建支持＞100 000台服务器的DCN[12]。采用64端口光共享内存的超级计算机互联系统(OSMOSIS)模块,通过 Fat-Tree 拓扑实现了具有全对分带宽的 2 048 个节点 DCN[10]。

BCube 可以被视为广义超立方体的具体实现,仅用电开关取代超立方体中的处理器并不会实质性地改变体系结构。但是,在 OPSquare 中,只有簇内和簇间子网络,并且利用多维波长和空间交换才能来实现大连接(扩展)和高带宽(扩展)。同时,超立方体和 BCube 通过多维度扩展网络来实现大连通性。此外,光开关中的快速光流控制机制解决了缺少光缓存的问题。这两个内在特征使得 OPSquare 不同于 BCube 和超立方体。在 OPSquare 中,如果 FOS 被其他类型的慢开关取代,例如,压电光束操纵[74]、微机电系统[75]和基于硅的液晶波长的选择性开关[76],则分组统计复用或波长切换的优势将消失。可以使用具有多个端口的其他快速光开关来替代 OPSquare 中使用的广播和选择开关。

如今,DCN 为许多在线服务提供基础设施,各种各样的应用顺势而生,如视频点播、网络服务、文件存储与共享、云计算、推荐系统和交互式在线工具。这些蓬勃发展的服务可以根据需求在数据中心内动态扩展,从而为服务提供商节省成本。此外,为了更好地利用资源,通过允许多个服务和应用程序共享 DC 基础设施,在一定程度上实现了统计多路复用。因此,当前的数据中心呈现出动态的流量特征[22,77,78]。

OPSquare 架构在机架间提供了两条最短路径。如图 7-1 所示,对于第一个集群中的 ToR_1 和第二个集群中的 ToR_2 之间的集群间通信,存在两条可用路径,即虚线描绘的两跳 FOS。负载均衡算法可应对动态流量以提高带宽利用率,并优化网络在延迟和数据包丢失方面的性能。

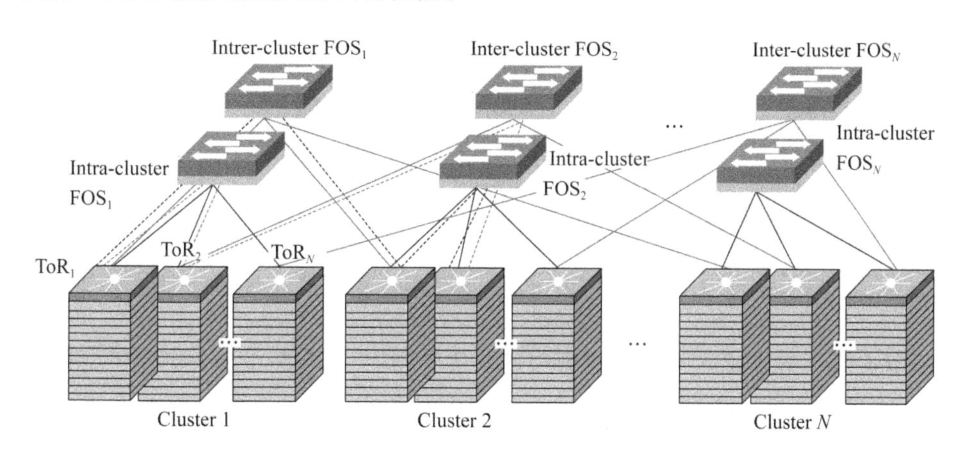

图 7-1 多路径 OPSquare DCN 架构

随着当今DC中新应用的不断涌现，网络虚拟化趋势日益明显，这造成了与以往文献中报道的不同的新流量模式。因此，首先，我们应该跟踪DCN内部运行虚拟化应用程序的流量轨迹；然后，我们在模拟器中使用合成的流量模型来优化网络性能；最后，考虑虚拟化数据中心流量的动态性和OPSquare网络的特殊性，我们需要解决OPSquare的专用负载均衡问题，以提高网络性能。

如表7-1所示，DCN中已经研究了几种负载均衡算法，如ECMP[79]、Localflow[80]、Hedra[81]和VLB[82-83]。VLB被提出用于Fat-Tree DCN，其机制是在数据包到达目的地之前，将其发送/转发到一个随机选择的中间交换机[83]。我们提出的基于流级粒度的DCN负载均衡算法可分为集中式和分布式两类。等价多路径(Equal-Cost Multi-Path Routing，ECMP)因其简单性成为了DCN中最常用的分布式负载均衡机制[79]。ECMP在对流进行均衡时未考虑流大小和当前网络状态，导致其性能不理想。Localflow也采用分布式工作方式，其性能优于ECMP，但它需要监控流的状态，这可能会增加网络运行的开销[80]。Hedra和MicoTE等中心化算法根据流量大小和网络状态对流量进行分割[81,84]，但它们的反应时间尺度非常大(几秒)。因此，它们不适合处理DCN内动态变化的流量(毫秒级)。

表7-1　DCN中的负载均衡算法

机制	集中/分布式	流量拥堵	粒度	分割方法
ECMP[79]	分布式	无	流	哈希
LocalFlow[80]	分布式	无	流	均匀流速率
Hedera[81]	集中式	是	流	全局优先拟合、仿真
DRILL[85]	分布式	是	分组	最小装载端口
VLB[82-83]	分布式	无	流/分组	随机
Presto[86]	分布式	无	流片	随机
Conga[87]	分布式	是	流片	最小化最大局部测度
FLARE[88]	分布式	无	流片	哈希、令牌计数
Low-latency routing[89]	分布式	是	分组	随机、轮询、数字反转
MicroTE[84]	集中式	是	流	预测业务矩阵

除了在流级粒度上运行的负载均衡算法外，还有在包级粒度上运行的算法，如Random、Round-Robin[90]、Digital reversal[89]和Drill[85]。Drill根据本地交换机各端口缓存的占用情况在DCN中进行负载均衡。在OPSquare DCN中，选择缓冲区

占用最少的接口,导致网络性能不理想。这些基于数据包级粒度的负载均衡算法以牺牲终端节点的数据包重新排序为代价获得了令人满意的性能。此外,在流级粒度上也有一些算法试图避免数据包重新排序[86-88]。然而,相较于在数据包级粒度上运行的算法,这些在流级粒度上运行的算法性能较差。

基于以上对相关负载均衡算法的分析,发现在包级粒度上运行的负载均衡算法比在流和流片级粒度上运行的算法可以获得更好的网络性能。在OPSquare中,对于集群间流量有两条可用的短路径,对于尽力而为流量有多条路径,并且可以通过专用负载平衡算法适当地利用这些路径。然而,目前在包级粒度上运行的广义算法没有考虑OPSquare DCN体系结构的特殊性。因此,它们的网络性能较差,不适合OPSquare DCN网络。

为了提高OPSquare DCN网络的性能,我们提出了一种新的最短路径缓存(Lowest Path Buffer,LPB)负载均衡算法。为了研究LPB算法在虚拟数据中心的实际流量下的性能,我们基于捕获的运行在自建ECO数据中心的真实数据中心应用的流量轨迹建立了流量模型。基于该流量模型对LPB的性能进行了评估,并与RR、Drill和Localflow进行了比较,从而验证LPB的优势。

本章结构如下:在7.2节中,我们简要描述了OPSquare DCN架构,同时提出并详细解释了新的负载均衡算法;7.3节报告了代表性应用的部署和相应的流量模型;在7.4节中,我们建立了OPSquare DCN设置来进行仿真;在7.5节中,我们评估了新型负载均衡算法的OPSquare DCN性能,并与现有的负载均衡算法进行了比较;最后总结了本章的主要结论。

7.2 OPSquare中新的负载均衡算法

7.2.1 OPSquare网络

在图7-1所示的OPSquare DCN中,有两个并行子网。ToR的簇内光接口和簇间光接口分别负责簇内网络和簇间网络的连接,ToR的其他端口连接到服务器上。在OPSquare中,簇内FOS和簇间FOS的基数都是N。第i个簇内(Intra-

FOS$_i$)将 N 个 ToR$_s$ 连接起来,其索引范围为[$(i-1)\times N+1, i\times N$],第 j 个簇间 FOS(Inter-FOS$_j$)将 N 个 ToR$_s$ 连接起来,其索引为$(i-1)\times N+j(1\leqslant i\leqslant N)$[4]。

在 OPSquare 中,对于簇间的 ToR$_1$ 和 ToR$_{N+1}$,其路径为 ToR$_1$→Inter-FOS$_1$→ToR$_{N+1}$。如果源和目的 ToR 分别为 ToR$_1$ 和 ToR$_{N+2}$,则它们可以通过 Inter-FOS、Intra-FOS 和中间 ToR 连接,产生 3 跳。在这种情况下,路径将是 ToR$_1$→Inter-FOS$_1$→ToR$_{N+1}$→Intra-FOS$_2$→ToR$_{N+2}$。由于 OPSquare DCN 将 N^2 个 ToR$_s$ 与端口数为 N 的 FOS$_s$ 互联,因此,ToR 中的簇内和簇间缓冲区将有 $N-1$ 个逻辑队列。

如图 7-2 所示,在小规模的 OPSquare DCN 中,有 9 个 ToR,簇内和簇间缓冲区的逻辑队列数量为 2。在 ToR$_i$ 中,第 j 个 ToR 缓冲数据包的逻辑队列记为 Q_i^j,而 Q_i^j 的占用记为 L_i^j。当第二跳的缓冲队列被完全占用时,该数据包将被 ToR 丢弃,并将其计为丢失。不考虑丢包的重传(ACK/NACK)机制,上层网络层的 TCP 协议将通知丢包的情况源。

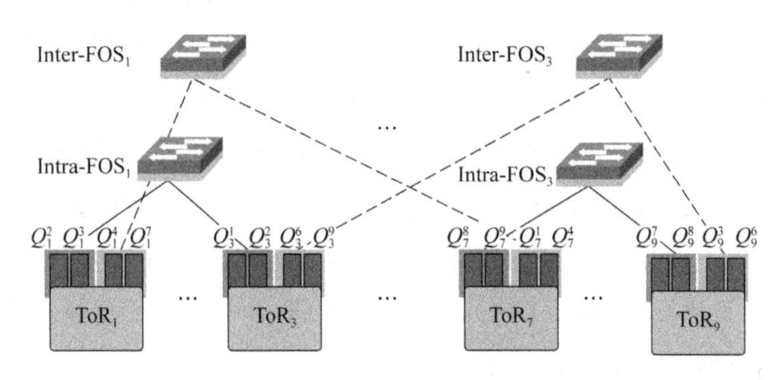

图 7-2 带有 9 个 ToR$_s$ 的 OPSquare DCN

7.2.2 LPB 算法运行机制

我们提出的负载均衡类似于 Drill[85],它也是基于缓冲区占用,并在数据包级别的粒度上进行操作。但是,Drill 只统计当前跳的缓冲区占用情况,这会导致 OPSquare DCN 的网络性能不理想。Drill 的完整评估和定量比较结果将在 7.5 节中展示。

如图 7-3 所示,簇内和簇间接口的总数为 $p+q$。簇内接口由 p 个带专用电缓存的 WDM 收发器组成,用于连接 ToR 和簇内 FOS。头部处理器用于检查数据包头(目的地)。对于机架内部的流量,头部处理器直接处理流量并将流量转发到服务器目的地。对于簇内或簇间的流量,头部处理器处理数据包头,并将流量转发到 ToR 的相应簇内或簇间接口。此外,头部处理器还负责将本地缓冲状态发送给中央控制器,使其能够收集整个网络的缓冲状态,然后再将全局缓冲状态送回头部处理器。

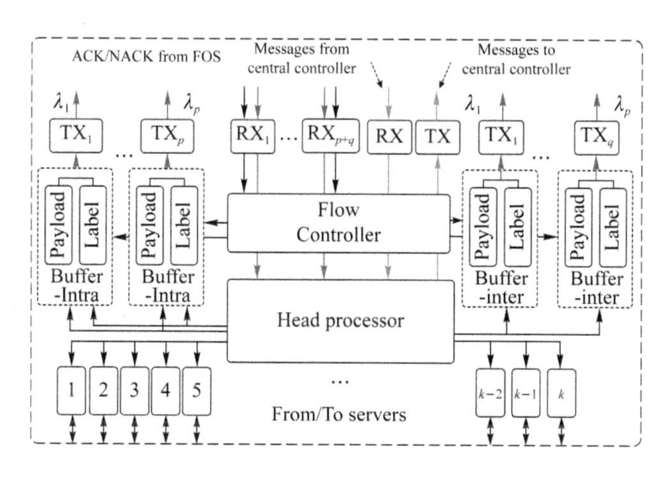

图 7-3 ToR 原理图

基于 ToR 缓冲区在整个路径上的占用情况,我们提出了一种新的 OPSquare DCN 专用负载均衡算法。LPB 的流程图如图 7-4 所示。中央控制器(CC)监控簇内和簇间缓冲区的占用情况,ToR 的头部处理器(Header Processor, HP)更新来自 CC 的 ToR 缓冲区的占用情况,并基于接收到的数据包(pkt)计算两条路径的缓冲区占用。数据包在相应的簇内或簇间缓冲区中排队,即数据包将通过缓冲区占用最低的路径进行传输。

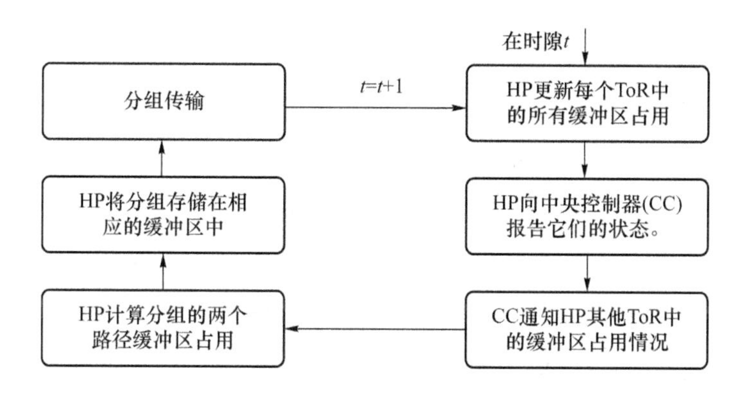

图 7-4 LPB 流程图

由于 OPSquare 网络架构中具有多条路径，故我们所提出的 LPB 算法考虑了整个路径上的 ToR 缓存大小的占用情况，而不仅仅是当前跳的 ToR 缓存占用情况。因此，LPB 在各种流量模式下均可以有效地实现负载均衡。LPB 的本质改进是在整个网络上实现完全均衡的负载，而不是在部分链路上。这需要在 ToR 和中央控制器之间交换 ToR 缓存状态，ToR 需要根据中央控制器发送的消息来维护整个网络的缓冲状态。当主处理器接收到来自中央控制器的新消息时，ToR 会更新其缓存状态。

以小规模的 OPSquare DCN 架构为例，如图 7-2 所示。假设 ToR_1 是源 ToR，ToR_9 充当目的 ToR，有两条可用路径。第一条路径（P_1）是 ToR_1→$Inter\text{-}FOS_1$→ToR_7→$Intra\text{-}FOS_3$→ToR_9，第二条路径（P_2）是 ToR_1→$Intra\text{-}FOS_1$→ToR_3→$Inter\text{-}FOS_3$→ToR_9。P_1 上的数据包将通过 Q_1^7 和 Q_7^9，而在 P_2 路径上的数据包将通过 Q_1^3 和 Q_3^9。因此，P_1 和 P_2 路径缓冲占用分别是 $L_1^7+L_7^9$ 和 $L_1^3+L_3^9$。在 $L_1^7+L_7^9<L_1^3+L_3^9$ 情况下，本次传输将选择 P_1 为传输路径，反之，选择 P_2 为传输路径。

在仿真中，ToR 和 CC 之间的链路距离为 100 m。由中央控制器生成的 LPB 消息通过使用带外信号的单独链路送回 ToR。我们不对 LPB 消息的丢失进行建模。LPB 的流程图如图 7-4 所示。在时间段 t 内，所有 ToR 将其缓存状态发送给中央控制器，然后中央控制器处理缓存状态的消息，HP_s 在收到来自中央控制器的消息后更新网络的缓存状态。与此同时，所有 ToR_s 在 LPB 的下一个周期再次向中央控制器发送缓存状态，缓存状态的更新周期为 100 μs。

7.2.3 LPB 的实施分析

为了在实际数据中心中部署 LPB 算法，需要在 DCN 中部署软件自定义网络（Software Defined Networking，SDN）控制器。ToR 和 SDN 控制器之间的接口应开发为交换缓冲状态。此外，头部处理器应该能够根据簇间数据包的两条可用最短路径上的缓冲区占用情况进行计算，从而对数据包做出负载均衡决策。

对于实际的硬件实现，CC 的部署和运行会有额外的开销，但是目前的数据中心，特别是大公司的数据中心已经发展到 SDN 时代。CC 是这些 DCN 中的标准组件，因此，开销将主要集中在软件上。更具体地说，费用是用来实现 ToR 和 CC 之间的缓存交换接口的。

对于连接 N^2 个 ToR 的 DCN，当 N^2 为 1 024 时，有 32 个簇，并且 32 个 ToR 组成一个簇。在 LPB 运行中，每个 ToR 均有可能指向 992 个 ToR 的簇间流量。每个流量(源 ToR 和目的 ToR 对)有两条可用路径。因此，对于所有可能存在的簇间流量，只需要在头部处理器中计算 1 984 条路径的缓存状态。

考虑到用现场可编程门阵列(FPGA)实现板载时钟频率为 322 MHz(一个时钟周期为 3.103 ns)的头部处理器，我们充分利用了 FPGA 的并行计算能力，使其可以在一个时钟周期(3.103 ns)内完成 1 984 个加法计算。由于 N^2 在 OPSquare DCN 中只有几千的数量级，LPB 的计算复杂度是 $O(1)$，因此，头部处理器的额外计算开销极低。

7.3 DC 应用的流量建模

为了开发虚拟化应用的流量模型，我们首先构建了 Leaf-Spine ECO 数据中心，并简要描述了 ECO 数据中心的配置和操作。然后，通过追踪和分析 ECO 数据中心中运行的 media-streaming、web serving 和 Spark 等应用程序的流量轨迹，我们得到了真实数据中心应用程序的数据包长度分布和数据包间隔时间分布。最后，我们将所开发的流量模型作为流量生成器，并将其用于网络性能评估。

7.3.1 ECO 数据中心的架构和运行

图 7-5 描述了在 ECO DC 中实现的基于 Leaf-Spine 架构的网络。如图 7-5 所示，每个 ToR 连接 4 台服务器，网络通过 4 个 ToR 互联 16 台服务器。每个 ToR 通过骨干交换机中的 3 个交换模块连接。架构中采用了三类光收发器，分别是小封装热拔插光模块(Small Formfactor Pluggable plus transceiver，SFP+)、四通道小封装热拔插光模块(Quad Small Form-Factor Pluggable Transceiver，QSFP)以及 12 通道可插拔光模块(Hot-Pluggable Transceiver with Data Rate up to 12×10 Gbit/s，CXP)。

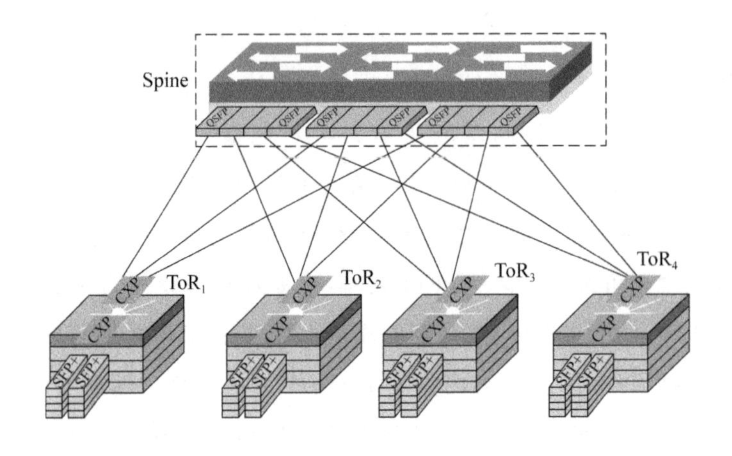

图 7-5　Leaf-Spine ECO DCN 架构

表 7-2 列出了 ECO DCN 中各组件的详细信息。如图 7-6 所示，我们在 ECO DCN 中的可重构交换机上运行 open flow 协议，在 ECO DCN 中没有运行 LPB。第一和第二个 ToR 位于左侧机架中，而第三和第四个 ToR 位于右侧机架中。骨干交换机（第二个 ToR 的正下方）也安装在左侧机架上。

表 7-2　网络中各组成部分的详细信息

Components	Specification	Number
Server	Dell PowerEdge R210(Quad-core Intel Xeon processor 3 400 series; memory, 4 GB; disk, 160 GB)	16
Dual 10 Gbit/s NIC	Intel X520	16
TRX	SFP+(10 Gbit/s, short-range over MMF)	32
	QSFP(40 Gbit/s, SR4, 300 m, MMF)	12
	CXP(120 Gbit/s, short-range, MMF)	8
MMF	24-core MPO(female) to 3×8 core	4
	MM OM3 2 m, branch 1 m, IL<0.75 dB	
	24-core MPO(female) to 24 LC MM	4
	OM3 2 m, branch 1 m, IL<0.75 dB	
ToR	Based on Broadcom	4
Spine switch	ASIC	1

考虑到 Docker 已经成为目前最流行的用来提高 DCN 资源利用率的轻量级虚拟化技术，因此，我们在 ECO DCN 中选择 Docker 作为虚拟化技术[91]。对于

Docker 容器编排平台，我们没有选择能够进行本地管理 Docker 引擎簇的 Docker swarm，而是选择了 Kubernetes(K8s)，因为它在生产环境中具有稳定性[92-93]。我们在 ECO DCN 上构建了一个 Kubernetes 簇，用于自动编排 Docker 容器。有关 ECO K8s 网络的更多详情，请参阅附录 A。

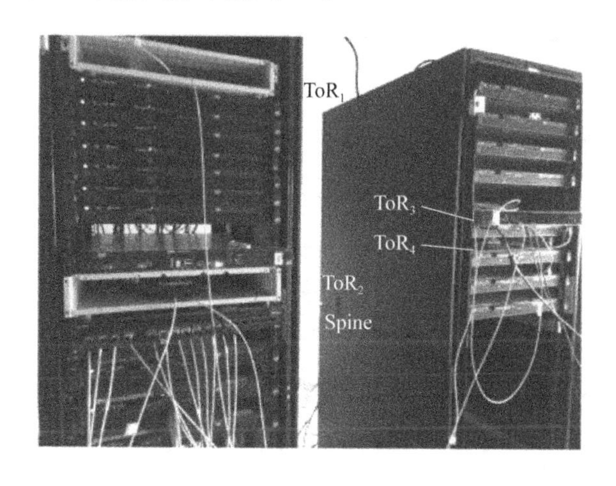

图 7-6 ECO DCN 配置

7.3.2 DC 应用的部署

截至 2020 年，数据中心网络工作负载的总数量达到 4.6 亿个。这些应用程序，如计算、视频流媒体、数据库 Web 服务和物联网(IOT)，正在数据中心产生大规模的流量，它们占据了数据中心总工作负载的近一半。

如表 7-3 所示，在 DC 中运行的实际应用可以分为三类：数据分析、在线服务和离线存储。数据分析由各种各样的任务组成，这些任务由大数据爆炸式增长的海量数据集提供；在线服务是请求驱动的实时服务，其特点是突发流量和不间断服务；离线存储的主要特征是文件安全和容错，文件复制和虚拟机迁移是典型的离线存储。

表 7-3 数据中心应用情况[97]

类别	应用程序
数据分析	科学计算、分类、聚类、图挖掘
在线服务	网络服务、流媒体、ERP
离线存储	云存储、文件备份、虚拟机迁移

Web serving 和 media streaming 是两种具有不同流量形态的代表性应用，都属于在线服务[94]。我们在 ECO DCN 中部署了容器化的 web serving、media streaming 和 Spark 计算应用程序。

7.3.3 流量特征

随着应用程序在 ECO DC 中运行，首先，我们使用 n2disk[95]通过两种方法在 5 min 内追踪来自所有 16 台服务器的流量轨迹：交换机端口分析器（Switch Port Analyzer，SPAN）和分离器[96]。然后，我们在分析所有追踪的流量轨迹的基础上开发了流量模型。最后，我们对捕获的流量轨迹进行分析，从而建立流量模型。一般来说，真实的 DC 流量在一定时期内是不均衡的。数据包长度分布和数据包间隔时间分布是数据中心应用流量建模的关键。

ECO DC 中心分为 2 个簇。我们将前两个 ToR（ToR_1 和 ToR_2）表示为第一个簇，并将其他两个 ToR（ToR_3 和 ToR_4）表示为第二个簇。然后我们得到追踪的流量轨迹的流量分布（ToR 内流量占 46%；簇内流量占 13%；簇间流量占 41%），也就是说，大约 60%的流量是在 ToR 内和簇内交换的。ToR 内流量几乎占我们所追踪的流量的一半。此外，7.4 节展示了具有不平衡流量模式的其他流量分布。

在流量均匀分布的情况下，负载均衡算法的优势不大。真实网络中的流量并不是均匀分布的，故我们在模拟中考虑了严重的不均衡流量模式。为了模拟 OPSquare DCN 中的不均衡流量模式，我们使第二个子网中的服务器不产生簇间流量，并将能生成数据包的服务器比例从 0.1 改为 1。也就是说，繁忙服务器比例（Busy Server Ratio，BSR）在[0.1，1]之间，空闲服务器不生成数据包。我们将 LPB 的性能与固定路径与 RR、Drill 和 Localflow 进行了比较。此外，我们还考虑了 3 种不同的场景，来全面评估 LPB 的性能。

对于追踪到的流量，ToR 内流量占 46%，簇内流量占 13%，簇间流量占 41%。超过一半的流量是在 ToR 外进行的。图 7-7 显示了服务器在 100 μs 的时间段内接收到的数据包数量，其中，接收到的最大数据包数为 78。在追踪到的流量轨迹中我们可以清楚地发现数据包的 ON/OFF 特性。为了深入挖掘追踪到的流量轨迹特征，我们使用数据包到达间隔时间的累积分布函数（Cumulative Distribution Function，CDF）来识别轨迹中的 ON/OFF 特性。

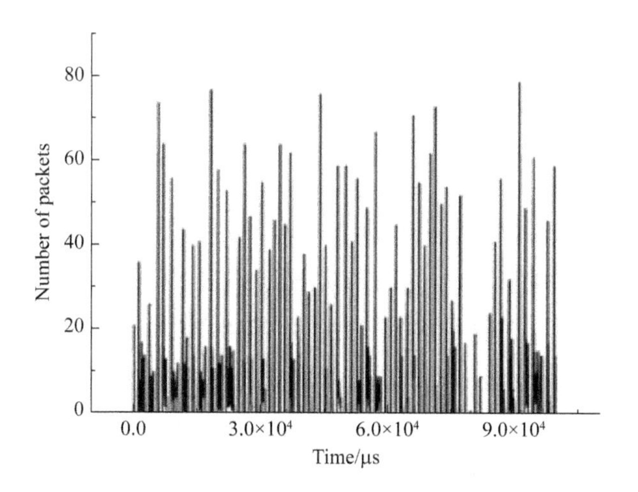

图 7-7 流量按 100 μs 分隔的服务器所接收到的数据包数量

图 7-8(a)描述了数据包间隔时间的 CDF。我们可以发现 95%的分组间隔时间小于 10 μs。因此,为了容纳数据中心内的动态流量,首选分组级粒度的交换技术。更具体地说,具有毫秒级重构的 OCS 不适合部署在 DC 中,但是纳秒级的 FOS 是适合的。

图 7-8(b)显示了采集的数据包长度分布。可以清楚地观察到数据包的双峰分布,这与[98-100]中显示的结果相似。数据包长度的双峰分布是典型的 Data/ACK 模型的应用。在开发的数据包长度双峰分布中,一个约为 100 B,另一个约为 1 500 B,1 500 B的数据包和 100 B 的数据包分别表示应用程序的有效载荷和控制消息(包括 ACK)。此外,在基于 Data/ACK 模型的 DC 应用程序的部署下,我们还希望在其他 DC 中发现类似的分组长度分布。

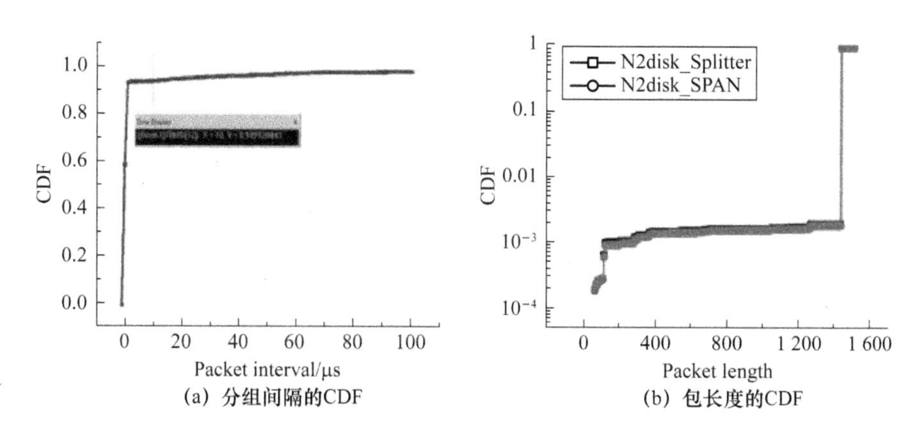

(a) 分组间隔的CDF (b) 包长度的CDF

图 7-8 分组统计特性

7.4 OPSquare 网络设置

随着现如今的数据中心中不断出现的新颖应用，网络虚拟化的趋势日益明显，它产生了新的异构流量模式，与以往文献中报道的均不同。为了应对这种新特性，我们追踪了在数据中心内部运行虚拟化 DC 应用程序的 DCN 的流量轨迹。然后我们在模拟器中使用合成的流量模型，利用负载均衡算法来优化网络性能。

对于连接 2 560～40 960 台服务器的 OPSquare DCN，每个服务器根据我们在 7.3 节中建立的流量模型生成数据包。我们构建了 OPSquare 网络，并在 OMNeT++ 平台上对各种负载均衡算法进行了仿真。在仿真中，簇内光口和簇间光口分别有 2 个和 1 个收发器。因此，过载比为 1∶2.3。通过给这两种光口分配适当数量的 WDM 收发器的方式，我们可以定制 ToR 的过载比。在仿真设置中，OPSquare DCN 被平均地划分为两个子网。第一个子网由索引范围为[1，$n/2$]的服务器组成，第二个子网由索引范围为[$n/2$，n]的服务器组成（n 为 OPSquare DCN 中的服务器编号）。

在 7.3 节中，我们开发了基于数据包长度分布和数据包间隔时间分布的流量模型，将其作为 DC 应用的关键特征。无论应用程序部署在同一个 ToR 中还是部署在不同的 ToR 中，数据包长度和数据包间隔时间的分布变化都很小。但是，数据包目的地分布会因应用程序部署在同一 ToR 或不同 ToR 中而呈现显著差异。

在数据中心网络中，大部分流量是在 ToR 内和簇内交换的[101]。这种评估在许多中型和大型数据中心中普遍存在，其中，每个 ToR 大约连接 40 台服务器。ECO 流量模式在我们的小型 ECO 数据中心中给出了一个具体的案例，其中，每个 ToR 仅连接 4 台服务器。ToR 内流量比率在追踪到的流量轨迹中约占 50%。此外，我们在 ECO DC 中追踪到的流量分布不均衡，这一特征符合真实 DC 流量在特定时期内不平衡的情况[102-103]。将均衡均匀的流量分布作为 DC 网络的理想场景，该理论在参考文献[15]中已经进行了充分的研究。

基于以上对流量不均衡分布的分析，我们选择流量模式 A（40% ToR 内流量，40%簇间流量）作为代表性流量模式，基于该流量模式研究各种负载均衡算法的网络性能。流量模式 C（40%簇内流量、20%簇间流量）也作为代表性流量模式，整个簇内部的流量也很高(80%)。此外,我们还选择了非典型的流量模式B(60%的簇间流量)来代表簇间高流量的极端情况,研究了在流量模式B下LPB和RR的网络性能以了解算法的性能边界。

7.5 OPSquare网络性能优化结果及讨论

在OPSquare DCN中,不需要对簇内的流量进行负载均衡,因为簇内的流量只经过一跳。因此,我们关注簇间流量的负载均衡,只研究簇间流量的网络性能。

首先,在7.5.1节中,我们考察了不同中央控制器更新时LPB的性能。然后,在7.5.2节中,我们考察了不同簇间流量下LPB的性能。根据表7-4,在流量模式A中,ToR内流量为40%,簇间流量为40%,簇内流量为20%。其次,在7.5.3节中,我们比较了LPB与其他算法在流量模式A下的性能。再次,在7.5.4节中,我们研究了不同流量目的地分布下负载均衡算法的网络性能,如表7-4所示。将集群间流量为60%的流量模式B和集群间流量为20%的流量模式C分别作为集群间高流量和集群间低流量。结合流量模式A、流量模式B和流量模式C,充分评估LPB在不同流量模式下的性能。最后,在7.5.5节中,我们研究了流量模式A下数据中心从2 560台服务器扩展到40 960台服务器的LPB性能。

表7-4　研究交通模式

Traffic	Case A	Case B	Case C
Intra-ToR	40%	20%	40%
Intra-cluster	20%	20%	40%
Inter-cluster	40%	60%	20%

7.5.1 变化的中心控制器更新周期

图7-9显示了不同CC更新周期下簇间流量的服务器到服务器延迟。当更新周期从100 μs增加到200 μs时,LPB的延迟在BSR为0.5时从8.7 μs增加到10.6 μs。当更新周期为500 μs时,LPB的延迟在BSR为0.5时为14.2 μs,相较于固定路径场景的延迟,此延迟很小。因此,当更新周期增加到500 μs以上时,由于CC和HP

的反应跟不上网络状态的变化，故 LPB 的延迟性能优势将逐渐消失。

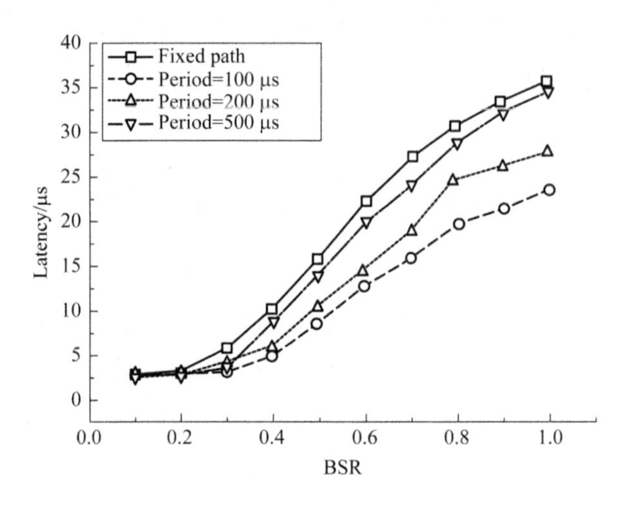

图 7-9　不同更新周期下的服务器到服务器延迟

图 7-10 展示了 LPB 在不同更新周期下的丢包性能。当 CC 更新周期为 200 μs、BSR 为 0.2 时，丢包率低于 2.8×10^{-5}。当 CC 更新周期为 300 μs、BSR 为 0.2 时，丢包率为 1.8×10^{-4}。我们还可以观察到，CC 在 500 μs 的更新周期下的丢包量与固定路径下的丢包量非常接近。因此，我们希望尽可能保持较低的更新周期，以获得满意的网络性能。

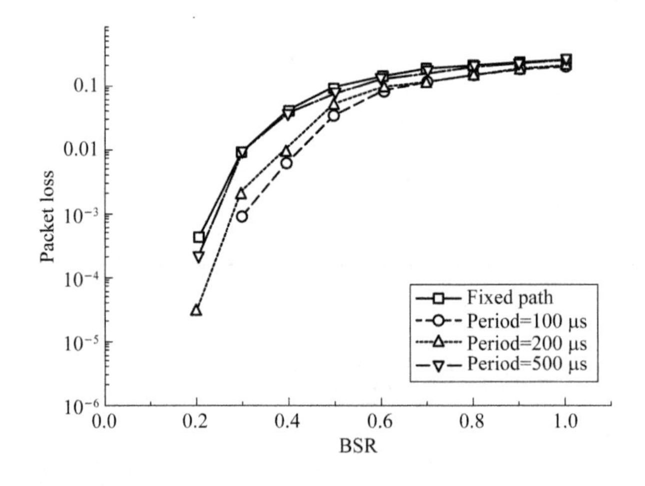

图 7-10　不同更新周期下的丢包性能

7.5.2 不同簇间流量的流量模式

我们研究了第二子网中不同簇间流量比下的基于流量模式 A 的 LPB 算法的网络性能。我们首先考虑均衡均匀流量(在第二子网中具有相同的 40%簇间流量)和不均衡均匀流量(在第二子网中没有簇间流量)。此外,我们还研究了扭曲流量(在第二子网中具有 20%簇间流量)和混合均匀流量(第二子网中的簇间流量在 40%和 0%之间来回切换,周期为 10 ms)下的 LPB 算法的网络性能。

图 7-11 显示了不同簇间流量的服务器到服务器延迟。研究发现,当第二子网的集群间比率从 0(不均衡)增加到 20%(扭曲)和 40%(均衡)时,LPB 的性能下降。混合流量的延迟性能接近于扭曲流量。对于均衡均匀流量,我们可以发现 LPB 并没有提高网络性能,因为流量已经在网络中均匀分布,这符合我们的预期。在均匀流量分布不均衡的情况下,随着 BSR 的增加,各场景下服务器到服务器的平均延迟都会增加。当 BSR 不大于 0.3 时,LPB 的服务器到服务器延迟小于 6 μs,与固定路径相比,负载均衡算法只有边际效益。当负载超过 0.4 时,LPB 可以显著提高网络性能。由于第二子网的簇间流量减少,因此,不均衡均匀流量的延迟优于均衡均匀流量。

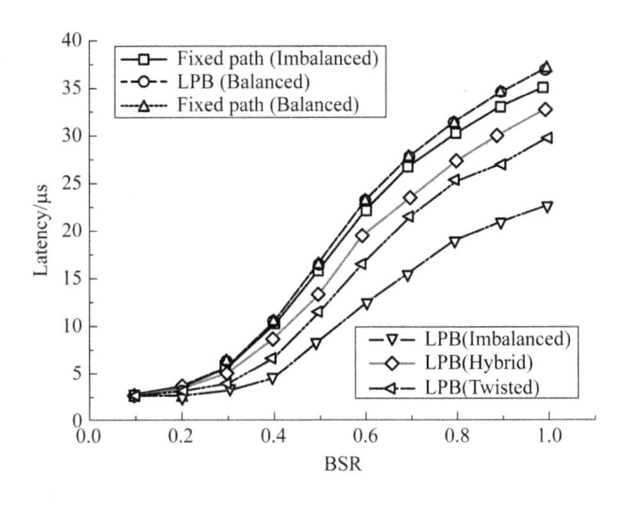

图 7-11 不同簇间情况下服务器到服务器的延迟

丢包性能如图 7-12 所示。对于 LPB 来说,在流量均衡均匀的情况下,当 BSR 为 0.2 时,丢包率低于 5.2×10^{-4};在流量不均衡均匀的情况下,当 BSR 为 0.3 时,丢包率低于 5.4×10^{-4}。当 BSR 为 0.2 时，在流量不均衡的情况下，LPB 不存在丢包现象。我们还可以观察到，在均衡均匀流量下，固定路径和 LPB 的丢包率是相同的。与图 7-11 的结果相似，在图 7-12 中我们可以发现，LPB 的丢包性能也随着第二子网簇间比率从 0(不均衡)增加到 20%(扭曲)和 40%(均衡)而降低。

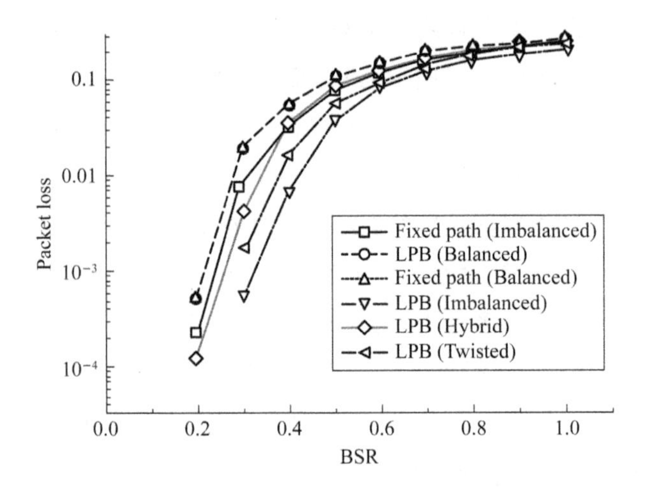

图 7-12　不同簇间情况下的丢包性能

7.5.3　性能比较

考虑到大量的 DC 流量在 ToR 内交换，故我们在调查 LPB、Drill、Localflow 和 RR 以及固定路径场景下的 LPB 性能时，采用流量模式 A。如表 7-4 所示，流量模式 A 的 ToR 内流量占 40%，簇内流量占 20%，簇间流量占 40%。在模拟中，OPSquare DCN 大小设置为 2 560 台服务器(FOS 端口数为 8)，缓冲区大小固定为 50 KB。

图 7-13 显示了第一子网中簇间流量的服务器到服务器延迟。随着 BSR 的增加，所有负载均衡算法的服务器到服务器的平均延迟都会增加。当 BSR 不大于 0.3 时，所有算法的服务器到服务器延迟都小于 5 μs，与固定路径相比，负载均衡算法只有边际效益。但是，当 BSR 大于 0.4 时，固定路径的延迟随着 BSR 的增加而快速增加，固定路径与 LPB 之间的延迟性能提升也很明显。BSR 为 0.5 时，固定路径、Drill、RR、LocalFlow 和 LPB 的延迟分别为 16.3 μs、16.2 μs、11.4 μs、12.8 μs 和 8.7 μs。与 Drill 相比，LPB 延迟提高了 46%，这是由于 Drill 只对第一个队列的

状态进行局部优化。LPB 的延迟比 RR 短 23.7%。

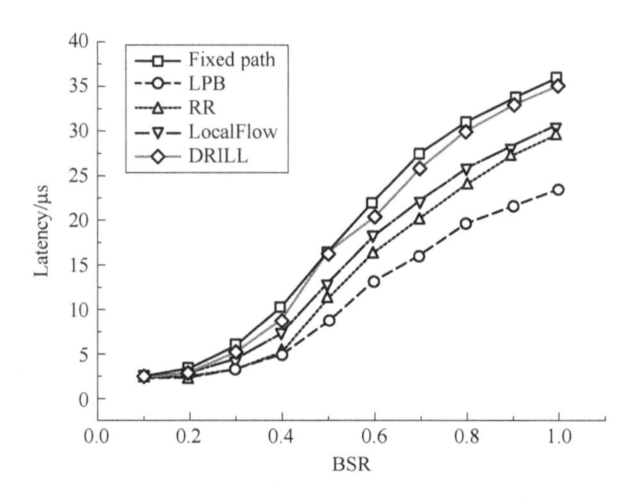

图 7-13 服务器到服务器的延迟

LPB 考虑沿整个路径缓存的队列状态，而不是第一个缓存。因此，它可以避免选择第一个缓存占用非常低而第二个缓存已满的路径（这种情况可能发生在 RR、Drill 和 LocalFlow 算法中）。如果第二个缓存已满，则传输的流量将丢失，因为数据包将在第二跳被丢弃。

丢包性能如图 7-14 所示。对于 Drill、LocalFlow 和 RR，当 BSR 为 0.2 时丢包量小于 10^{-4}。当 BSR 为 0.2 时，LPB 不丢包。当 LPB 的 BSR 为 0.3 时，丢包量小于 10^{-3}。在所有 BSR 中，LPB 的性能都优于 Drill、LocalFlow 和 RR。当 BSR 达到 0.5 时，由于竞争的可能性很大，所有类型的丢包量均大于 10^{-2}。

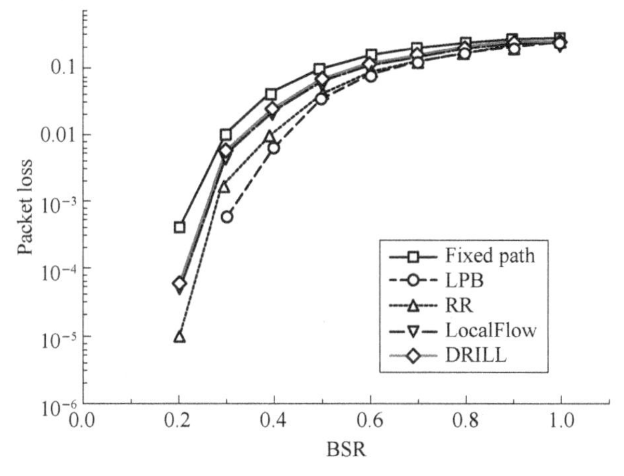

图 7-14 各种负载均衡算法的丢包性能

LPB算法性能的提高来自其考虑了整个路径的缓存状态。得益于这种核心设计机制，LPB不仅像RR那样可以在本地链路上均衡流量，而且可以在流量所经过的整个链路上均衡流量。因此，LPB可以实现完全负载均衡的网络，并提高网络性能。

7.5.4 流量目的地分布

图7-15显示了在不同BSR下，DCN大小为2 560台服务器、缓冲区大小为50 KB的服务器在不同流量模式下的服务器到服务器平均延迟和数据包丢失。随着BSR的增加，RR和LPB的服务器到服务器平均延迟增加。由图7-15可以看出，在所有流量目的地分布下，LPB的延迟都小于RR。由于数据包争用率相对较低，当BSR为0.1时，不同情况下的服务器到服务器延迟很接近(小于3 μs)。当BSR大于0.3时，RR与LPB之间的潜伏期差距明显。在高BSR情况下，可以清楚地看到，模式B的服务器到服务器延迟比模式A和模式C都高，原因是模式B具有更多的簇间和簇内流量。

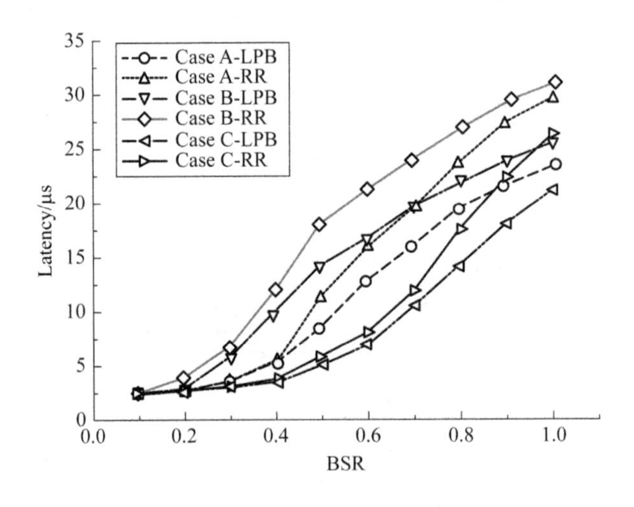

图7-15 不同流量目的地分布下的服务器到服务器延迟

在图7-16中，LPB和RR的丢包率都随着簇间和簇内流量总量的增加而增加。因此，丢包排序为模式B＞模式A＞模式C。对于模式A和模式B，虽然从ToR流出的流量相同，但簇间流量为40%的模式A的丢包率大于簇间流量为20%的模式C。原因是簇间的流量要跨越两个跃点，这会导致更高的系统负载。

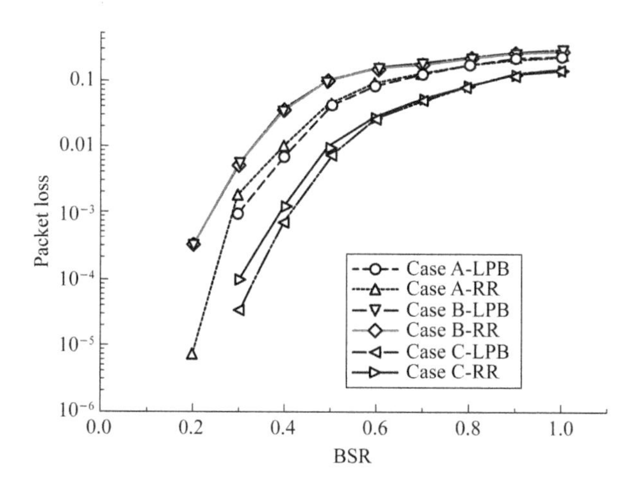

图 7-16 不同流量目的地分布下的丢包性能

7.5.5 可伸缩性

我们在 2 560 到 40 960 的多个服务器上，研究了不同规模的 OPSquare DCN 的 LPB 算法的性能改进。每个 ToR 连接 40 个服务器，所需 ToR 的数量从 64 到 1 024不等。因此，构建 OPSquare DCN 需要端口数为 8～32 的簇内 FOS 和簇间 FOS。

图 7-17 显示了在模式 A 和 ToR 缓存大小为 50 KB 的流量模式下，DC 从 2 560 台服务器扩展到 40 960 台服务器时，服务器到服务器的延迟随 BSR 变化的变化情况。从图 7-17 可以清楚地看出，当 BSR 达到 0.3 时，LPB 和 RR 的服务器到服务器延迟都不随 DCN 的缩放而变化。当 DCN 连接 10 240 台服务器，BSR 为 0.5 时，LPB 和 RR 的服务器到服务器延迟分别为 13.1 μs 和 15.1 μs。当 DCN 规模从 10 240 台增加到 40 960 台，BSR 为 0.5 时，LPB 的服务器到服务器延迟仅增加到 15.5 μs，而 RR 的服务器到服务器延迟为 21.3 μs。与 RR 相比，OPSquare 支持 40 960服务器时，LPB 节省了 27.2%的延迟。之前的研究已经显示，在没有任何负载均衡算法的情况下，随着网络向外扩展，服务器到服务器的延迟会增加[4]。当 DCN 向外扩展时，在一个簇中有更多的服务器相互连接，因此，FOS 需要容纳更多的通道。然而，由于目的地多样性的统计增加，FOS 的吞吐量只会略有下降。因此，延迟的增加主要来自网络的向外扩展。结果表明，随着 OPSquare DCN 规模的

增大，LPB 的性能保持不变。

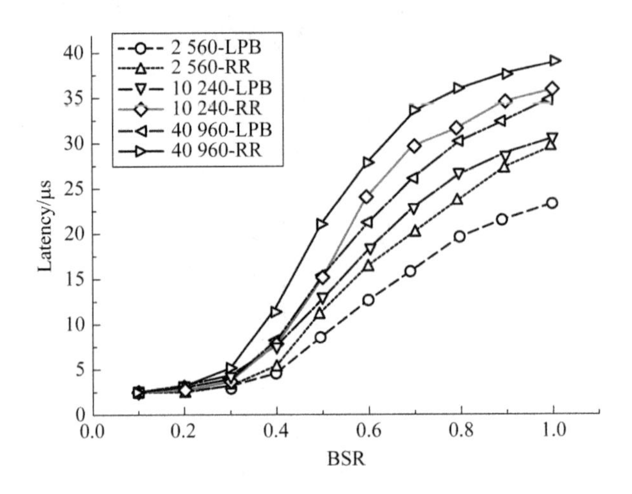

图 7-17　不同 DCN 大小下的服务器到服务器延迟

图 7-18 显示了 OPSquare DCN 的不同服务器计数的丢包性能。在所有 DCN 尺度下，LPB 的丢包率都低于 RR。当 DCN 与 10 240 台服务器互联，BSR 为 0.2 时，LPB 的丢包率为 1.96×10^{-6}，RR 的丢包率为 1.66×10^{-5}。随着 DC 规模的增大，统计上增加的目的地多样性只会略微增加争用的可能性。对于 DCN 大小为 40 960 的 LPB，在 BSR 为 0.5 的情况下，丢包率低于 6.7×10^{-2}。当 BSR 超过 0.5 时，由于链路和缓冲区都被占用，丢包的情况必会发生。

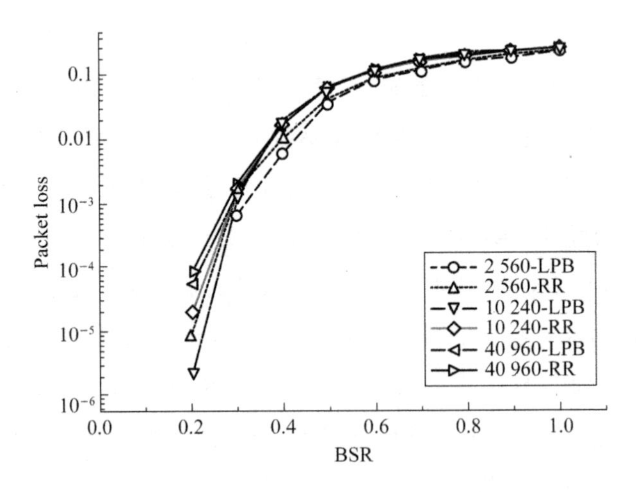

图 7-18　不同 DCN 大小下的丢包性能

本章小结

为了提高 OPSquare DCN 的带宽利用率和优化网络性能，本章提出了一种考虑 OPSquare 架构特点的新型负载均衡算法 LPB。首先，我们在 ECO DCN 中捕获了虚拟化的代表性 DC 应用程序运行时的流量跟踪。然后，我们开发了一个综合流量模型，以优化 OPSquare 网络在不同场景下的性能。当 BSR 为 0.5 时，固定路径、RR、Localflow 和 Drill 的延迟均大于 10 μs，但 LPB 的延迟仅为 8.7 μs。LPB 潜伏期比 RR 低 23.7%，并且 LPB 的丢包率低于其他三种算法。在不同网络规模和流量模式下，LPB 的数据丢包率和网络延迟都低于 RR。结果证明了 LPB 可以在 OPSquare DCN 中获得最优的网络性能。此外，该流量模型还可用于各种拓扑数据中心的网络性能优化。

第8章
结　　论

在本书中，我们初步分析了云网络云应用时代 DCN 的流量模式，相较于已公开的流量模式的特征，DCN 呈现出一些不同的特性。在 EBS 集群中，我们发现针对一些 DSW 交换机，其内部 Pod 流量占比高达 97.6%，同时最大 Intra-ToR 比率为 16.4%。此外，我们还展示了微观流量特征，并发现数据包长度受三峰分布的影响。同时，我们对丢包率、队列长度以及流量分布进行了研究，给出了最大队列长度与归一化队列速率的关系，两者呈正相关。在归一化速率超过 0.4 时，最大队列长度开始逼近甚至达到 2.68 MB(交换机设定的队列长度)。基于上述发现，我们可考虑从业务视角来定量提升网络服务质量以及优化网络资源。①将链路的最大利用率尽量逼近 40%；②对于最大利用率超过 40%的链路，将其最大利用率降低至小于 40%。这些分析有助于理解 DC 的流量模式，DC 运营和研究人员可以利用这些结论做流量工程，同时也为网络性能的优化方法提供了一定的指导和参考价值。

我们在搭建的混合光电网络中进行了实验测试，当 PSW 链路利用率从 0.1 提升到 0.8 时，端到端网络的平均延迟并未有明显改变；当 PSW 链路利用率从 0.4 提升到 0.8 时，端到端网络的最大延迟增加 45 个百分点；当 PSW 链路利用率为 0.8 时，将一条业务流由电交换机切换到光交换机，端到端网络的平均延迟降低 15%，最大延迟从 1.45 ms 降低至 0.077 ms。通过测试结果可知，将大象流通过 OCS 可显著降低业务流的平均延迟。

此外，我们基于多个并行互联子网采用分布式小端口 FOS 提出了可扩展的 HPC 网络架构 $HFOS_L$。详细给出了服务器、FOS 和 $HFOS_L$ 网络的运行过程。在

FOS 端口数为 16 时，$HFOS_4$ 可以支持超大规模的 65 536 个服务器 HPC 网络。从理论上研究 $HFOS_L$ 网络的成本和功耗的优化问题。对 FOS 的成本和功耗函数分析表明它们都是凸函数。在此基础上，理论分析表明仅当各个层级 FOS 的端口数都相同时，$HFOS_L$ 网络可以实现最低的成本和功耗。

为了提升光交换网络的调度性能，我们为基于 FOS 构建的 DCN 提出了两种新颖的调度机制 TRMD 和 BSMD，并给出了 TRMD 和 BSMD 的详细运行过程。在基于 FOS 的光交换 DCN 中，我们将 TRMD 和 BSMD 的性能与流控协议进行了比较。结果表明，TRMD 和 BSMD 均优于 FT 的性能，TRMD 可以在满负载时获得小于 10 μs 的延迟和大于 90%的吞吐量。与 TRMD 相比，BSMD 进一步提升了调度性能，在负载为 0.8 时可实现 98.8%的吞吐量。

为了提供满足应用的需求，我们提出了一种采用 MB 的新型 FOS 结构用于构建可预期服务光 DCN，并采用 FFQ 来最小化 MFOS MB 的缓存区大小。仿真结果表明，基于 MFOS 的 DCN 极大地改善了网络性能，并在 0.8 的负载下实现了 6.7 μs的 ToR 到 ToR 延迟和 99.9%的吞吐量。此外，理论分析和仿真验证了基于 MFOS 的 DCN 支持带宽确保和延迟确保。

在实现极低延迟方面，我们将 CPU 和 GPU 服务器与机架内的 PSW 进行池化，RTT 延迟仅为 882 ns。此外，我们定量分析和比较了 PE 和 PO 解决方案的延迟性能。结果表明 PO 解决方案获得了 2.8 μs 的 RTT，支持 62 m 的通信距离。仿真结果验证了 PO 解决方案可节省 48.3%的应用完成时间。此外，功耗分析表明，PO 解决方案相对于 PE 解决方案节省了 51.3%的功耗。

参考文献

[1] Papen G. Optical components for datacenters[C]//2017 Optical Fiber Communications Conference and Exhibition (OFC). IEEE, 2017: 1-53.

[2] Balanici M, Pachnicke S. Hybrid electro-optical intra-data center networks tailored for different traffic classes[J]. Journal of Optical Communications and Networking, 2018, 10(11): 889-901.

[3] Wang G, Andersen D G, Kaminsky M, et al. c-Through: Part-time optics in data centers[C]//Proceedings of the ACM SIGCOMM 2010 Conference. 2010: 327-338.

[4] Farrington N, Porter G, Radhakrishnan S, et al. Helios: a hybrid electrical/optical switch architecture for modular data centers[C]// Proceedings of the ACM SIGCOMM 2010 Conference. 2010: 339-350.

[5] Singla A, Singh A, Ramachandran K, et al. Proteus[C]//Proceedings of the 9th ACM SIGCOMM Workshop on Hot Topics in Networks. ACM, 2010.

[6] Chen K, Singla A, Singh A, et al. OSA: An optical switching architecture for data center networks with unprecedented flexibility[J]. IEEE/ACM Transactions on networking, 2013, 22(2): 498-511.

[7] Fiorani M, Aleksic S, Casoni M. Hybrid optical switching for data center networks[J]. Journal of Electrical and Computer Engineering, 2014, 2014: 1-1.

[8] Imran M, Collier M, Landais P, et al. HOSA: Hybrid optical switch

architecture for data center networks[C]//Proceedings of the 12th ACM International Conference on Computing Frontiers. 2015：1-8.

[9] Perelló J，Spadaro S，Ricciardi S，et al. All-optical packet/circuit switching-based data center network for enhanced scalability，latency，and throughput[J]. IEEE Network，2013，27(6)：14-22.

[10] Hemenway R，Grzybowski R，Minkenberg C，et al. Optical-packet-switched interconnect for supercomputer applications [J]. Journal of Optical networking，2004，3(12)：900-913.

[11] Liboiron-Ladouceur O，Shacham A，Small B A，et al. The data vortex optical packet switched interconnection network[J]. Journal of Lightwave Technology，2008，26(13)：1777-1789.

[12] Yan F，Xue X，Pan B，et al. FOScube：A scalable data center network architecture based on multiple parallel networks and fast optical switches [C]//2018 European Conference on Optical Communication (ECOC). IEEE，2018：1-3.

[13] Gripp J，Simsarian J E，LeGrange J D，et al. Photonic terabit routers：The IRIS project[C]//Optical Fiber Communication Conference. Optica Publishing Group，2010：OThP3.

[14] Xiao X，Proietti R，Liu G，et al. Silicon photonic Flex-LIONS for bandwidth-reconfigurable optical interconnects [J]. IEEE Journal of Selected Topics in Quantum Electronics，2019，26(2)：1-10.

[15] Yan F，Miao W，Raz O，et al. Opsquare：A flat DCN architecture based on flow-controlled optical packet switches [J]. Journal of Optical Communications and Networking，2017，9(4)：291-303.

[16] Saridis G M，Peng S，Yan Y，et al. Lightness：A function-virtualizable software defined data center network with all-optical circuit/packet switching [J]. Journal of Lightwave Technology，2015，34 (7)：1618-1627.

[17] Proietti R，Yin Y，Yu R，et al. All-optical physical layer NACK in AWGR-based optical interconnects [J]. IEEE Photonics Technology

Letters, 2011, 24(5): 410-412.

[18] Ji P N, Qian D, Kanonakis K, et al. Design and evaluation of a flexible-bandwidth OFDM-based intra-data center interconnect[J]. IEEE Journal of Selected Topics in Quantum Electronics, 2012, 19 (2): 3700310-3700310.

[19] Cao Z, Proietti R, Yoo S J B. Hi-LION: Hierarchical large-scale interconnection optical network with AWGRs[J]. Journal of Optical Communications and Networking, 2015, 7(1): A97-A105.

[20] Cao Z, Proietti R, Yoo S J B. HALL: a hierarchical all-to-all optical interconnect architecture[C]//2014 Optical Interconnects Conference. IEEE, 2014: 73-74.

[21] Andreyev A. Introducing data center fabric, the next-generation Facebook data center network[J]. 2014.

[22] Singh A, Ong J, Agarwal A, et al. Jupiter rising: A decade of clos topologies and centralized control in google's datacenter network[J]. ACM SIGCOMM computer communication review, 2015, 45(4): 183-197.

[23] Noormohammadpour M, Raghavendra C S. Datacenter traffic control: Understanding techniques and tradeoffs[J]. IEEE Communications Surveys & Tutorials, 2017, 20(2): 1492-1525.

[24] Li Y, Miao R, Liu H H, et al. HPCC: High precision congestion control [M]//Proceedings of the ACM Special Interest Group on Data Communication. 2019: 44-58.

[25] Shan D, Jiang W, Ren F. Analyzing and enhancing dynamic threshold policy of data center switches[J]. IEEE Transactions on Parallel and Distributed Systems, 2017, 28(9): 2454-2470.

[26] Shang Y, Guo B, Li X, et al. Traffic Pattern Adaptive Hybrid Electrical and Optical Switching Network for HPC System [J]. IEEE Communications Letters, 2018, 23(2): 270-273.

[27] Kumar G, Dukkipati N, Jang K, et al. Swift[C]//Proceedings of the Annual conference of the ACM Special Interest Group on Data

Communication on the applications, technologies, architectures, and protocols for computer communication. ACM, 2020.

[28] Poutievski L, Mashayekhi O, Ong J, et al. Jupiter evolving: transforming google′s datacenter network via optical circuit switches and software-defined networking [C]//Proceedings of the ACM SIGCOMM 2022 Conference. 2022: 66-85.

[29] CALIENT Technologies. CALIENT Edge|640TM Optical Circuit Switch Offers Industry's Highest Density Fiber Optic Cross Connect[EB/OL]. (2018-03-15) [2022-02-26]. https://www. calient. net/2018/03/calient-edge640-optical-circuit-switch-offers-industrys-highest-density-fiber-optic-cross-connect/.

[30] TOP500 Supercomputer Sites [EB/OL]. (2018-11-07) [2018-12-06]. https://www. top500. org/lists/2018/11/November 2018. pdf.

[31] Fu H, Liao J, Yang J, et al. The Sunway TaihuLight supercomputer: system and applications[J]. Science China Information Sciences, 2016, 59: 1-16.

[32] Anderson J, Burns P J, Milroy D, et al. Deploying RMACC Summit: an HPC resource for the Rocky Mountain region[M]//Proceedings of the Practice and Experience in Advanced Research Computing 2017 on Sustainability, Success and Impact. 2017: 1-7.

[33] Kim J, Dally W J, Abts D. Flattened butterfly: a cost-efficient topology for high-radix networks[C]//Proceedings of the 34th Annual International Symposium on Computer Architecture. 2007: 126-137.

[34] Yan F, Miao W, Dorren H, et al. Novel flat DCN architecture based on optical switches with fast flow control[C]//2015 International Conference on Photonics in Switching (PS). IEEE, 2015: 309-311.

[35] Calabretta N, Williams K, Dorren H. Monolithically integrated WDM cross-connect switch for nanoseconds wavelength, space, and time switching [C]//2015 European Conference on Optical Communication (ECOC). IEEE, 2015: 1-3.

[36] Khani E, Yan F, Guo X, et al. Theoretical analysis on multiple layer fast optical switch based data center network architecture[C]//2019 24th OptoElectronics and Communications Conference (OECC) and 2019 International Conference on Photonics in Switching and Computing (PSC). IEEE, 2019: 1-3.

[37] Yan F, Meyer H, Pan B, et al. Performance assessment of a novel HPC network architecture based on fast optical switches with HPC application traffics[C]//2018 Photonics in Switching and Computing (PSC). IEEE, 2018: 1-3.

[38] Miao W, Yan F, Calabretta N. Towards petabit/s all-optical flat data center networks based on WDM optical cross-connect switches with flow control[J]. Journal of Lightwave Technology, 2016, 34(17): 4066-4075.

[39] Sato K, Hasegawa H, Niwa T, et al. A large-scale wavelength routing optical switch for data center networks[J]. IEEE Communications Magazine, 2013, 51(9): 46-52.

[40] Xi K, Kao Y H, Chao H J. A petabit bufferless optical switch for data center networks[J]. Optical interconnects for future data center networks, 2013: 135-154.

[41] Proietti R, Yin Y, Yu R, et al. Scalable optical interconnect architecture using AWGR-based TONAK LION switch with limited number of wavelengths[J]. Journal of Lightwave Technology, 2013, 31(24): 4087-4097.

[42] Yan F, Xue X, Calabretta N. HiFOST: A scalable and low-latency hybrid data center network architecture based on flow-controlled fast optical switches[J]. Journal of Optical Communications and Networking, 2018, 10(7): 1-14.

[43] Yan F, Khani E, Guo X, et al. On the performance of scalable fast optical switch based recursive network architecture for HPC applications[C]// 45th European Conference on Optical Communication (ECOC 2019). IET, 2019: 1-4.

[44] Smit M, Williams K, Lawniczuk K, et al. The road to a multi-billion Euro market in Integrated Photonics[J]. JePPIX Roadmap, 2013.

[45] Cisco U. Cisco annual internet report (2018-2023) white paper[J]. Cisco: San Jose, CA, USA, 2020, 10(1): 1-35.

[46] Mellette W M, McGuinness R, Roy A, et al. Rotornet: A scalable, low-complexity, optical datacenter network [C]//Proceedings of the Conference of the ACM Special Interest Group on Data Communication. 2017: 267-280.

[47] Wang L, Wang X, Tornatore M, et al. Scheduling with machine-learning-based flow detection for packet-switched optical data center networks[J]. Journal of Optical Communications and Networking, 2018, 10(4): 365-375.

[48] Wang L, Ye T, Lee T T, et al. A parallel complex coloring algorithm for scheduling of input-queued switches[J]. IEEE Transactions on Parallel and Distributed Systems, 2018, 29(7): 1456-1468.

[49] Liu H, Mukerjee M K, Li C, et al. Scheduling techniques for hybrid circuit/packet networks[C]//Proceedings of the 11th ACM Conference on Emerging Networking Experiments and Technologies. 2015: 1-13.

[50] Chang C S, Chen W J, Huang H Y. Birkhoff-von Neumann input buffered crossbar switches[C]//Proceedings IEEE INFOCOM 2000. Conference on Computer Communications. Nineteenth Annual Joint Conference of the IEEE Computer and Communications Societies (Cat. No. 00CH37064). IEEE, 2000, 3: 1614-1623.

[51] Miao W, Luo J, Di Lucente S, et al. Novel flat datacenter network architecture based on scalable and flow-controlled optical switch system [J]. Optics express, 2014, 22(3): 2465-2472.

[52] CM. 5G application scenarios white paper 2019. [EB/OL]. (2019-06) [2019-10]. https://www.smartcitiesworld.net/whitepapers/white-paper-5g-application-scenarios.

[53] Zhao Z, Guo B, Shang Y, et al. Hierarchical and reconfigurable optical/

electrical interconnection network for high-performance computing[J]. Journal of Optical Communications and Networking, 2020, 12(3): 50-61.

[54] Foerster K T, Schmid S. Survey of reconfigurable data center networks: Enablers, algorithms, complexity[J]. ACM SIGACT News, 2019, 50(2): 62-79.

[55] Luo L, Foerster K T, Schmid S, et al. Splitcast: Optimizing multicast flows in reconfigurable datacenter networks[C]//IEEE INFOCOM 2020-IEEE Conference on Computer Communications. IEEE, 2020: 2559-2568.

[56] Hamedazimi N, Qazi Z, Gupta H, et al. Firefly: A reconfigurable wireless data center fabric using free-space optics[C]//Proceedings of the 2014 ACM conference on SIGCOMM. 2014: 319-330.

[57] Yan F, Xue X, Guo X, et al. Load balance algorithm for an OPSquare datacenter network under real application traffic[J]. Journal of Optical Communications and Networking, 2020, 12(8): 239-250.

[58] Ballani H, Costa P, Behrendt R, et al. Sirius: A flat datacenter network with nanosecond optical switching [C]//Proceedings of the Annual conference of the ACM Special Interest Group on Data Communication on the applications, technologies, architectures, and protocols for computer communication. 2020: 782-797.

[59] Tanemura T, Soganci I M, Oyama T, et al. Large-capacity compact optical buffer based on InP integrated phased-array switch and coiled fiber delay lines[J]. Journal of Lightwave Technology, 2010, 29(4): 396-402.

[60] Srivastava R, Bhattacharya P, Tiwari A K. Optical data centers router design with fiber delay lines and negative acknowledgement[J]. Journal of Engineering Research, 2020, 8(2).

[61] Zhang H, Bennett J C R. WF2Q: worst-case fair weighted fair queueing [C]//IEEE INFOCOM. 1996, 96: 120-128.

[62] Jin H, Pan D, Pissinou N, et al. Achieving flow level constant performance guarantees for cicq switches without speedup [C]//2010 IEEE Global Telecommunications Conference GLOBECOM 2010. IEEE, 2010: 1-5.

[63] Cheng Y, Anwar A, Duan X. Analyzing alibaba's co-located datacenter workloads[C]//2018 IEEE International Conference on Big Data (Big Data). IEEE, 2018: 292-297.

[64] Gao P X, Narayan A, Karandikar S, et al. Network requirements for resource disaggregation [C]//12th USENIX symposium on operating systems design and implementation (OSDI 16). 2016: 249-264.

[65] Percival D. PCIe over Fibre Optics: challenges and pitfalls[C]//PCI-SIG Developers Conference, Tel Aviv-Israel. 2015.

[66] Samtec PCUO specification[EB/OL]. (2022-03-02)[2022-09-16]. https://www. samtec. com/products/pcuo-g3-04-010.

[67] Power J, Hestness J, Orr M S, et al. gem5-gpu: A heterogeneous cpu-gpu simulator[J]. IEEE Computer Architecture Letters, 2014, 14(1): 34-36.

[68] Aeponxy SiN technology[EB/OL]. (2022-07-02)[2022-12-23]. https://www. aeponyx. com/tunable-optical-filtering-switching.

[69] Yan F, Yuan C, Li C, et al. FOSquare: A novel optical HPC interconnect network architecture based on fast optical switches with distributed optical flow control[J]. Photonics, 2021, 8(1): 11.

[70] Nguyen T T, Takano R. On the feasibility of hybrid electrical/optical switch architecture for large-scale training of distributed deep learning [C]//2019 IEEE/ACM Workshop on PhotonicsOptics Technology Oriented Networking, Information and Computing Systems (PHOTONICS). IEEE, 2019: 7-14.

[71] Shao E, Tan G, Wang Z, et al. A new optoelectronic hybrid network based on scheduling optimization of optical links[J]. IEEE Transactions on Computers, 2021, 70(6): 863-876.

[72] Shen Y, Rumley S, Wen K, et al. Accelerating of high performance data centers using silicon photonic switch-enabled bandwidth steering[C]// 2018 European Conference on Optical Communication (ECOC). IEEE, 2018: 1-3.

[73] Zhu Z, Teh M Y, Wu Z, et al. Distributed deep learning training using

silicon photonic switched architectures[J]. APL Photonics, 2022, 7(3): 030901.

[74] Polatis Series 7000 384×384 switch—cross-connect, compact single mode all-optical low loss switch up to 384×384 ports[EB/OL]. https://www.polatis.com/series-7000-384x384-port-softwarecontrolled-optical-circuit-switch-sdn-enabled.asp?.

[75] CALIENT Technologies. S320 Photonic Switch Getting Started Guide [M/OL]. (2013-12-14)[2017-02-08]. https://www.manualslib.com/manual/2065452/Calient-S320.html.

[76] Frisken S, Baxter G, Abakoumov D, et al. Flexible and grid-less wavelength selective switch using LCOS technology[J]. Optical Fiber Communication Conference and Exposition and the National Fiber Optic Engineers Conference. IEEE 2011:1-3.

[77] Cao Z, Kodialam M, Lakshman T V. Joint static and dynamic traffic scheduling in data center networks[J]. IEEE/ACM Trans actions on Networking, 2015, 24(3): 1908-1918.

[78] Baccarelli E, Cordeschi N, Mei A, et al. Energy-efficient dynamic traffic offloading and reconfiguration of networked data centers for big data stream mobile computing: review, challenges, and a case study[J]. IEEE network, 2016, 30(2): 54-61.

[79] Thaler D, Hopps C. Multipath Issues in Unicast and Multicast Next-Hop Selection[R]. IETF RFC 2991, 2000.

[80] Sen S, Shue D, Ihm S, et al. Scalable, optimal flow routing in datacenters via local link balancing[C]//Proceedings of the Ninth ACM Conference on Emerging Networking Experiments and Technologies—CoNEXT' 13. 2013: 151-162.

[81] Al-Fares M, Radhakrishnan S, Raghavan B. Hedera: dynamic flow scheduling for data center networks[C]//Proceedings of the 7th USENIX Conference on Network Systems Design and Implementation. 2010: 89-92.

[82] Greenberg A, Hamilton J R, Jain N, et al. VL2: a scalable and flexible data center network [C]//Proceedings of the ACM SIGCOMM 2009 Conference on Data Communication. 2010: 51-62.

[83] Greenberg A, Lahiri P, Maltz D A, et al. Towards a next generation data center architecture: scalability and commoditization[C]//SIGCOMM 2008 Conference and the Co-located Workshops—PRESTO'08: Proceedings of the ACM Workshop on Programmable Routers for Extensible Services of Tomorrow. 2008: 57-62.

[84] Benson T, Anand A, Akella A, et al. MicroTE: fine grained traffic engineering for data centers [C]//Proceedings of the Seventh ACM Conference on Emerging Networking Experiments and Technologies—CoNEXT'11. 2011: 1-12.

[85] Ghorbani S, Yang Z, Godfrey P B, et al. DRILL: micro load balancing for low-latency data center networks[C]//Proceedings of the Conference of the ACM Special Interest Group on Data Communication—SIGCOMM'17. 2017.

[86] He K, Rozner E, Agarwal K, et al. Presto: edge-based load balancing for fast datacenter networks[C]//Proceedings of the 2015 ACM Conference on Special Interest Group on Data Communication—SIGCOMM'15. 2015.

[87] Alizadeh M, Edsall T, Dharmapurikar S, et al. CONGA: distributed congestion-aware load balancing for datacenters[J]. SIGCOMM Comput. Commun, 2014, 44: 503-514.

[88] Kandula S, Katabi D, Sinha S, et al. Dynamic load balancing without packet reordering [J]. SIGCOMM Comput. Commun. 2007, 37(2): 51-62.

[89] Cao J, Xia R, Yang P, et al. Per-packet load-balanced, low-latency routing for Clos-based data center networks[C]//Proceedings of the Ninth ACM Conference on Emerging Networking Experiments and Technologies—CoNEXT'13. 2013.

[90] Samal P，Mishra P. Analysis of variants in round robin algorithms for load balancing in cloud computing [J]. International Journal of Computer Science and Information Technologies，2013，4(3)：416-419.

[91] Docker Enterprise [EB/OL]. (2023-06-18)[2024-01-16]. https://www.docker.com/products/dockerenterprise.

[92] Binani H. Kubernetes vs Docker Swarm—A Comprehensive Comparison [EB/OL]. (2018-10-04)[2024-05-29]. https://hackernoon.com/kubernetes-vs-docker-swarm-acomprehensive -comparison-73058543771e.

[93] Truyen E，Van Landuyt D. Structured feature comparison between container orchestration frameworks[EB/OL]. (2018-11-22)[2019-01-10]. https://zenodo.org/record/1494190#.XukKROhKg2w.

[94] Statista. Data Centers [EB/OL]. (2024-03-02) [2024-05-27]. https://www.statista.com/study/35990/data-centers-statista-dossier/.

[95] Deri L，Cardigliano A，Fusco F. 10 Gbit line rate packet-todisk using n2disk[C]//Proceedings of IEEE INFOCOM. 2013.

[96] N2disk[EB/OL]. (2019-01-23)[2024-01-15]. https://www.ntop.org/products/traffic-recordingreplay/n2disk/.

[97] CloudSuite—A Benchmark Suite for Cloud Services[EB/OL]. (2016-04-18)[2017-03-28]. https://cloudsuite.ch/

[98] Sinha R，Papadopoulos C，Heidemann J. Internet Packet Size Distributions：Some Observations [J]. USC/Information Sciences Institute，Tech. Rep. ISI-TR-2007-643，2007：1536-1276.

[99] Traffic Analysis Research[EB/OL]. (2023-10-20)[2024-03-05]. http://www.caida.org/research/trafficanalysis/#packet _size_distribution.

[100] Leland W E，Taqqu M S，Wilson D V. On the self-similar nature of Ethernet traffic (extended version)[J]. IEEE/ACM Trans，1994，2(1)：1-15.

[101] Benson T，Akella A，Maltz D A. Network traffic characteristics of data centers in the wild [C]//Proceedings of the 10th ACM SIGCOMM

Conference on Internet Measurement. 2010：267-280.

[102] Benson T，Anand A，Akella A，et al. Understanding data center traffic characteristics[J]. SIGCOMM Comput. Commun，2010，40(1)：92-99.

[103] Kandula S，Sengupta S，Greenberg A，et al. The nature of datacenter traffic：measurements & analysis[C]//IMC'09：Proceedings of the 9th ACM SIGCOMM Conference on Internet Measurement Conference. 2009.

附录A

在 ECO DCN 中，所有的服务器和交换机都有一个带有外部 IP 地址的 1 Gbit/s 接口，将它作为控制平面。而每个服务器中具有内部 IP 地址的双 10 Gbit/s Intel 网络接口控制器(NIC)，并且交换机内部也配备了 10 Gbit/s 接口，将它们作为数据平面。控制平面能与 ECO DCN 外部的服务器和交换机进行交互，数据平面能实现 ECO DCN 中各服务器之间的连接。

ToR 有 6 个 CXP 槽位，而 Spine 交换机有 18 个 QSFP 槽位，即 ECO DCN 中的 ToR 和核心交换机都有 720 Gbit/s 的带宽。在 ECO DCN 中，每个 ToR 配备 2 个 CXP，其中一个 CXP 用于连接带有 2 个 SFP＋收发器的 4 台服务器，另一个 CXP 用于连接脊柱交换机的 3 个交换模块(配置 3 个 QSFP)。我们使用 3×8 芯的 24 芯多模光纤(Multiple Mode Fiber，MMF)来连接 CXP 和 3 个 QSFP。ECO DC 中总共有 8 个 CXP。

在 ECO DCN 中创建了 192.168.0.0 和 192.168.1.0 两个子网。服务器私网 IP 地址的取值范围为 192.168.0.0～192.168.0.255 和 192.168.1.0～192.168.1.255。服务器的 IP 地址设置为静态 IP 地址。如图 A-1 所示，Chronos 作为主服务器，其余 15 台服务器作为 K8s 簇中的工作服务器。

NAME	STATUS	ROLES	AGE	VERSION	INTERNAL-IP
aether	Ready	<none>	4m	v1.11.2	192.168.0.151
ananke	Ready	<none>	20h	v1.11.2	192.168.0.101
chronos	Ready	master	3d	v1.11.2	192.168.0.231
cyclades	Ready	<none>	3d	v1.11.1	192.168.0.239
dionysus	Ready	<none>	20h	v1.11.2	192.168.0.57
erebos	Ready	<none>	20h	v1.11.2	192.168.0.195
hemera	Ready	<none>	3d	v1.11.1	192.168.0.205
hephaestus	Ready	<none>	20h	v1.11.2	192.168.0.55
hera	Ready	<none>	20h	v1.11.2	192.168.0.159
nesoi	Ready	<none>	20h	v1.11.2	192.168.0.53
phanes	Ready	<none>	20h	v1.11.2	192.168.0.107
pontus	Ready	<none>	20h	v1.11.2	192.168.0.157
tartarus	Ready	<none>	3d	v1.11.1	192.168.0.207
thalassa	Ready	<none>	20h	v1.11.2	192.168.0.149
themis	Ready	<none>	20h	v1.11.2	192.168.0.153
uranus	Ready	<none>	20h	v1.11.2	192.168.0.51

图 A-1　ECO DCN K8s 集群节点